SAMMLUNG GÖSCHEN BAND 973

VERGLEICHENDE PHYSIOLOGIE DER TIERE

Von

Dr. Konrad Herter

o. Professor für Zoologie an der Humboldt-Universität zu Berlin

Dritte Auflage der „Tierphysiologie“

II

Bewegung und Reizerscheinungen

Mit 110 Abbildungen

Walter de Gruyter & Co.

vormals G. J. Göschen'sche Verlagshandlung - J. Guttentag, Verlagsbuchhandlung
Georg Reimer - Karl J. Trübner - Veit & Comp.

Berlin 1950

Archiv-Nr. 110 973
Druck: Bonner Universitäts-Buchdruckerei Gebr. Scheur G.m.b.H., Bonn
Printed in Germany

A. Einleitung

Grundeigenschaften der lebenden organischen Substanz sind: Stoff- und Energiewechsel, Bewegungsfähigkeit und Reizbarkeit. Die Physiologie des Stoff- und Energiewechsels der Tiere wurde im I. Teil dieses Buches behandelt*). Bewegungsfähigkeit und Reizbarkeit sind Eigenschaften der Organismen, die im allgemeinen eng miteinander zusammenhängen, da in den meisten Fällen Bewegungen als Reaktionen auf Reize auftreten.

R e i z e sind physikalisch-chemische Vorgänge, die den Stoff- und Energiewechsel in bestimmter Weise verändern, was durch besondere Tätigkeiten des Organismus, die man R e a k t i o n e n nennt, zum Ausdruck kommt. Theoretisch kann jeder physikalische oder chemische Prozeß, der dem Organismus Energie zuführt oder entzieht, und dadurch die „energetische Situation" verändert, als Reiz wirken. Je nachdem, ob ein Reiz von außen einwirkt oder ob er durch Zustandsänderungen im Innern des Organismus entsteht, bezeichnet man ihn als äußeren oder als inneren Reiz.

Die Zustandsänderung, die ein Reiz in der lebenden Substanz hervorruft, ist die E r r e g u n g. Was Erregung ist, welche Stoffwechselvorgänge ihr zugrunde liegen, ist unbekannt. Da die Energiemenge, die zum Zustandekommen der Reaktion nötig ist, nicht von dem Reiz geliefert wird, braucht die Stärke der Reaktion zu der des Reizes in keinem bestimmten Verhältnis zu stehen. Der Vorgang, der sich bei der Reizung im Plasma abspielt, ist ein Auslösungsvorgang. Die Erregung ist der Impuls für die Auslösung der Reaktion. Die Erregung selbst ist kein elektrisches Phänomen, jedoch ist sie, wie die meisten Stoffwechselprozesse, von elektrischen Vorgängen begleitet. (Bei Erregung entstehen Aktionsströme, s. Teil I, S. 142.) Wahrscheinlich besteht die Erregung in einer chemischen Veränderung der organischen Substanz (s. S. 23).

---

*) H e r t e r, K.: Vergleichende Physiologie der Tiere. 3. Auflage. 1. Stoff- und Energiewechsel. Sammlung Göschen Nr. 972. 1950.

Eine besondere Eigenschaft der Erregung ist, sich im Plasma (meist wellenförmig) auszubreiten, wobei sie von dem Reizort zu den Stellen, an denen die Reaktion stattfindet, fließt. Es findet also eine Erregungsleitung statt, deren Geschwindigkeit (s. S. 23 u. 25) temperaturabhängig ist, was für die chemische Natur des Erregungsvorganges spricht.

Die Reaktion kann in sehr verschiedenen Stoffwechselvorgängen bestehen: in Bewegung, Sekretion, Wachstum, Erzeugung von Elektrizität, Wärme oder Licht.

Der Gesamtvorgang bei der Reizung eines Organismus läßt sich demnach in drei Phasen auflösen: 1. Primärer Reizerfolg = Erregung; 2. Sekundärer Reizerfolg = Erregungsleitung und 3. Tertiärer Reizerfolg = Reaktion. Da die Reizbarkeit eine Grundeigenschaft der organischen Substanz ist, ist sie an keine bestimmten Strukturen gebunden und es gibt Tiere, die an allen Körperstellen reizbar sind und bei denen auch die Reaktionen an allen Körperstellen stattfinden können (z. B. Amöben). Bei den meisten Tieren jedoch hat sich eine Arbeitsteilung herausgebildet, die bedingt, daß die drei Phasen des Reizvorganges nur an bestimmten differenzierten Körperstellen ablaufen. Die Stellen, die durch den Reiz zunächst in Erregung versetzt werden, die den Reiz aufnehmen, sind die Aufnahmeorgane, Rezeptoren oder Sinnesorgane oder -organellen (bei Einzellern). Von ihnen aus wird die Erregung auf besonderen Leitungsbahnen, die bei den Metazoen durch die Nerven dargestellt werden, zu den Erfolgsorganen (oder -organellen), den Effektoren, geführt, wo sie eine Reaktion auslöst. Die Reaktion kann in der Betätigung von Muskeln, Drüsen, Leuchtorganen und entsprechenden Bildungen bestehen.

Damit ein Reiz wirksam wird, d. h. eine Reaktion hervorruft, ist es nötig, daß er eine gewisse Intensität hat, er muß seinen Schwellenwert erreichen. Es können jedoch auch schwächere — unterschwellige — Reize, die für sich allein unwirksam sind, zu einer Reaktion führen, wenn sie mehrmals hintereinander wirken (Reizsummation).

Die Reaktionen können mannigfaltiger Art sein. Über die Produktion von Wärme, Elektrizität und Licht wurde schon im I. Teil (auf S. 135 ff.) gesprochen. Von der Bewegung, der Energieform, die bei den Tieren besonders in die Augen fällt, soll im folgenden Kapitel die Rede sein:

B. Bewegung

Man unterscheidet drei Arten:

I. Plasmabewegung

Das flüssige oder halbfeste Plasma bewegt sich in der Zelle, die ihre Gestalt nicht verändert, wodurch Kreisströme (Rotationsbewegung) entstehen, die Durchmischung des Zellinhaltes bewirken; oder aber durch Änderungen der Oberflächenspannung und Quellung sowie Entquellung der Kolloide (s. Teil I, S. 15) schiebt sich das Plasma in Form von

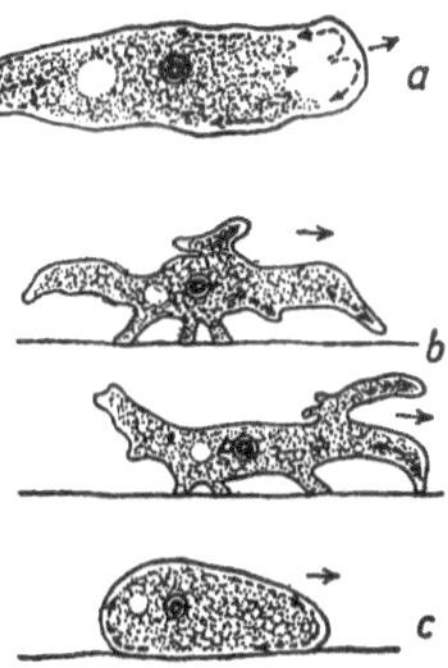

Abb. 1.
Amöboide Bewegung. a: Kriechen einer Limaxamöbe durch „Fontänenströmung". b: „Schreiten" von *Amoeba proteus*. c: „Rollen" von *Amoeba verrucosa*. Gestrichelte Pfeile: Richtungen der Plasmaströmungen. Ausgezogene Pfeile: Fortbewegungsrichtungen. (In Anlehnung an verschiedene Autoren).

Scheinfüßchen oder Pseudopodien an gewissen Stellen der Zelle vor. Diese sogenannte amöboide Bewegung kommt bei Rhizopoden (z. B. Amöben), den Keimzellen mancher Cölenteraten (z. B. Eier von *Hydra*) und den

Wanderzellen (z. B. Leukocyten) vieler Tiere vor. Die einfachste Art ist die Bildung eines großen, lappenförmigen Pseudopodiums am physiologischen Vorderende durch sogenannte Fontänenströmung, bei der das oberflächliche flüssige Plasma an der Peripherie der Zelle nach hinten strömt, von wo es in einem axialen Vorstrom nach vorn fließt. Die ganze Zelle bewegt sich in Richtung des Pseudopodiums fort. Diese Bewegungsart ist für manche Amöben, z. B. für die sogenannten Limaxamöben (Abb. 1 a), typisch. Bei anderen, z. B. bei *Amoeba proteus* und *Difflugia*, kommt eine Art Schreiten auf den Pseudopodien vor (Abb. 1 b). Wieder andere Formen bewegen sich rollend oder wälzend vorwärts (Abb. 1 c). Bei einer anderen Art der Plasmabewegung, der Axopodienbewegung, die man bei Radiolarien und Foraminiferen beobachtet, werden fadenförmige Pseudopodien gebildet, die im Innern einen elastischen Achsenstab aus festerem Plasma (Stereoplasma) und außen eine kontraktile Hüllschicht (Rheoplasma) haben. Die Pseudopodien, die jederzeit wieder eingeschmolzen werden können, vermögen bei einigen Formen pendelnde Bewegungen auszuführen.

II. Flimmerbewegung

Sie ist an bestimmte Strukturen, die relativ kurzen Wimpern = Cilien, die zu mehreren oder vielen an einer Zelle stehen, und die langen Geißeln = Flagellen gebunden. Sie kommt bei vielen Protozoen (Ciliaten und Flagellaten) und niederen Metazoen (z. B. Turbellarien und Ctenophoren), sowie Larvenformen (z. B. Trochophora, Miracidien) als Fortbewegungsmittel vor. Bei den meisten Metazoen (Ausnahme Insekten) dient sie zum Transport von Massen in Hohlorganen (Kiemenkorb, Darm, Trachea, Nephridien, Gonoducte usw.) Ferner bewegen sich die meisten Spermatozoen durch Flimmerschlag.

Die Flimmerzellen können eine oder mehrere Flimmern haben, die aus einem elastischen Achsenstab und einer kontraktilen Plasmahülle (Kinoplasma) bestehen. Am Grunde der Flimmern liegen Basalkörner, von denen aus oft lange „Wurzelkegel“ in das Innere der Zelle ziehen (Abb. 2). Die Tätigkeit der Flimmern besteht in einem Schwingen, das in einer Ebene (stets bei den Cilien), einem Kegelmantel, einer Peitschenfigur oder einer Spirale erfolgen kann. Man unterscheidet eine äußerst schnell erfolgende wirksame Phase, die „Beugung“ oder den „aktiven Schlag“, bei der die Flimmer starr ist (Abb. 2 a), und die relativ langsame, unwirksame Phase, die „Streckung“ oder den „passiven Schlag“, bei der sie sich so biegt, daß sie den geringsten Widerstand bietet (Abb. 2 b). Die Dauer des aktiven Schlages zu der des passiven verhält sich beim Froschrachenepithel wie 1 : 5 und bei *Paramaecium* wie 1 : 2 bis 3. Die Dauer einer ganzen Schwingung ist sehr verschieden nach Tierart und Organ und hängt auch von der Temperatur ab. Meist beträgt sie weniger als 1 Sekunde. Auch die Schlaghäufigkeit pro Sekunde ist sehr wechselnd (z. B. bei *Euglena* 1,43, beim Froschrachenepithel bei + 25° C 12,5). Meist liegen die Bedingungen für das Schlagen der Flimmern in diesen selbst, sind also unabhängig vom Nervensystem. Die Flimmerbewegung erfolgt autonom und automatisch. Die Flimmern eines abgelösten Epithelstücks schlagen weiter, ja sie tun dies auch noch nach Zerstörung der Zelle. Im Epithelverband schlagen die Flimmern der aneinandergrenzenden Zellen in gleicher Richtung und nacheinander (metachron). Die Erregung wird von Zelle zu Zelle weitergeleitet, weswegen die Koordination der Bewegung nach Zerstörung des Verbandes aufhört. Bei einigen Tieren (Ctenophoren, einigen Turbellarien und Larven) wird der Flimmerschlag durch zentrale Impulse reguliert, die wohl meist zeitliche und partielle Hemmungen der Bewegung veranlassen. Ähnlich ist es bei *Paramaecium*, bei dem je nach der äußeren

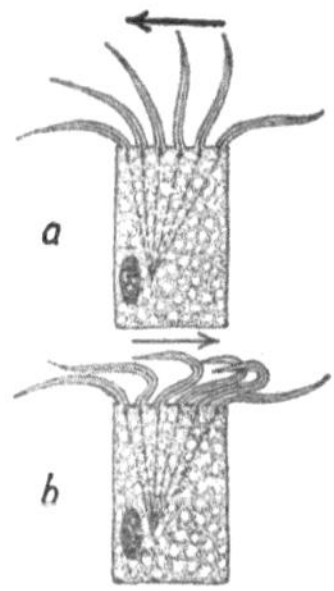

Abb. 2.
Schema einer Flimmerzelle, a: beim „aktiven“, b : beim „passiven“ Schlag.

Reizsituation die Cilien vorwärts oder rückwärts schlagen oder auch stillstehen können. Isolierte Cilien schlagen jedoch hemmungslos. Zuweilen vereinigen sich viele Flimmern zu schwingenden Platten, Membranellen (Peristomwimpern von Ciliaten, Ruderplättchen der Ctenophoren), oder eine lange Geißel steht durch eine zarte Haut, eine undulierende Membran, mit dem Zellkörper in Verbindung (z. B. Trypanosomen, manche Spermatozoen).

III. Muskelbewegung

Die morphologische Grundlage der Muskelbewegung ist die Muskelfibrille, eine fadenförmige Plasmadifferenzierung, die die Fähigkeit des Plasmas, sich zu kontrahieren, in ganz besonders starkem Maße besitzt. Derartige Bildungen kommen schon bei Protozoen vor. In den kontraktilen Stielen der Vorticellen liegen sogenannte Myoide oder Myoneme, fibrilläre Strukturen, die sich bei der Zusammenziehung in Spiralen legen. Wahrscheinlich sind die Fibrillen statisch-elastische Elemente und die Kontraktion wird von der sie umgebenden Plasmahülle ausgeführt. Bei den Metazoen liegen die Muskel- oder Myofibrillen parallel nebeneinander in dem Plasma (Sarkoplasma) von Zellen, die, wenn sie einkernig sind, Muskelzellen, wenn sie mehrkernig sind, Muskelfasern genannt werden. Die Fasern, die von einer zarten Haut, dem Sarkolemm, umgeben sind, können Längen von mehreren Zentimetern erreichen. Viele Muskelzellen oder -fasern, die zu Faserbündeln zusammengefaßt sind, bilden den Muskel (Abbildung 3). Man unterscheidet nach der Beschaffenheit der Fibrillen glatte und quergestreifte Muskeln. Bei beiden ist die kontraktile Substanz doppelbrechend. Die glatten Fibrillen sind in ihrer ganzen Länge gleichmäßig doppelbrechend, so daß man einen gleichmäßigen submikroskopischen Bau in ihnen annehmen kann. Vielleicht liegen kontraktile Mizellen (Myosinmoleküle) in gleichmäßiger Verteilung in einer Intermizellarsubstanz (s. Abb. 8). Die quergestreiften Fibrillen (Abb. 3) sind in viele Segmente (Myocommata) geteilt, die durch „Zwischenscheiben“ vonein-

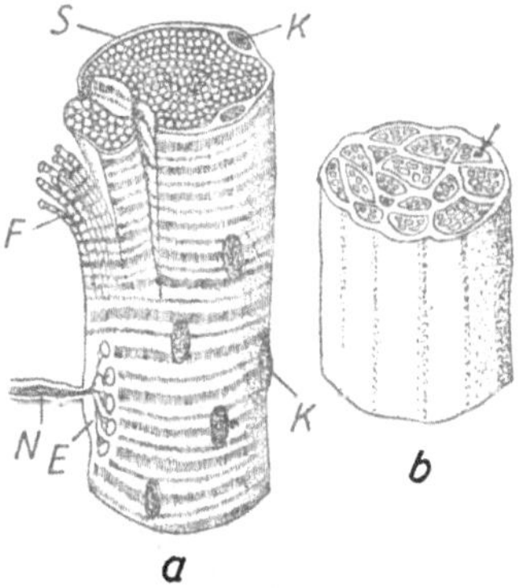

Abb. 3.

Bau des quergestreiften Säugermuskels. a: Einzelne Muskelfaser (geschwärzter Teil aus b mit Pfeil). b: Aus Faserbündeln zusammengesetzter Muskel. (Nach von Lengerken.) E = motorische Endplatte, F = Myofibrille, K = Kerne, N = Nerv, S = Sarkolemm.

ander getrennt sind. Jedes Segment besteht aus einer anisotropen stark lichtbrechenden Schicht, die zwischen je einer isotropen schwach lichtbrechenden liegt. Die einzelnen Fibrillenschichten in jeder Muskelfaser liegen in einer Ebene. Im allgemeinen scheinen nur die anisotropen Schichten — die „Verkürzungsorte" — kontraktil zu sein. Bei der Kontraktion wird jedes Segment und damit der ganze Muskel kürzer und dicker. Dieses beruht auf Formveränderungen der Myosinmoleküle, wie neuere röntgenspektroskopische Untersuchungen zeigten.

Die bei der Muskelkontraktion ablaufenden energieliefernden chemischen Prozesse sind noch nicht ganz aufgeklärt. Da die Verkürzung in Stickstoffatmosphäre stattfinden kann, wobei mechanische Arbeit geleistet und Wärme (Initialwärme) gebildet wird, muß es sich in der Arbeitsphase des Muskels um anoxydative Vorgänge handeln. Bei den Wirbeltieren wird dabei Adenosin-Triphosphorsäure in Adenilsäure und Phosphorsäure und Kreatinphosphorsäure (Phosphagen) in Kreatin und Phosphorsäure verwandelt. Die energieliefernden Ausgangsstoffe müssen immer wieder aus den Spaltprodukten aufgebaut werden, da ihr Bestand nicht abnimmt. Die für diesen Wiederaufbau nötige Energie bezieht der Muskel höchst wahrscheinlich aus der Verwandlung von Glykogen (n [$C_6H_{12}O_5$]) in Milchsäure ($C_3H_6O_3$). Diese Umsetzung erfolgt auf Umwegen über (z. T. noch unbekannte) Zwischenstufen, unter denen die Zucker-Phosphorsäure-Ester (Hexosephosphorsäuren) als Vorstufen der Milchsäurebildung („Lactacidogen") von Bedeutung sind. Sie zerfallen in Milchsäure und Phosphorsäure, aus der wieder Hexosephosphorsäure-Ester entstehen. Diese „Phosphorylierung" wird durch das Hormon Cortin aus der Nebennierenrinde (s. Teil I, S. 123) geregelt. Der quergestreifte Wirbeltiermuskel kann ohne O_2-Zufuhr nur ganz kurze Zeit arbeiten; er ermüdet schnell und erholt sich auch nicht wieder in der Ruhe. Dies liegt daran, daß zur Erholung während der Ruhe $^1/_6$ bis $^1/_4$ der Milchsäure zu CO_2 und H_2O verbrannt werden muß, wozu O_2 nötig ist. Die hierbei frei werdende Energie wird dazu verwendet, die übrige Milchsäure wieder zu Glykogen aufzubauen. Auch hierbei wird Wärme (Erholungswärme) erzeugt. Über die entsprechenden Vorgänge bei Wirbellosen ist noch weniger bekannt; anstatt der Kreatinphosphorsäure kann bei ihnen Argininphosphorsäure verwendet werden. Die in den glatten Muskeln ablaufenden Prozesse sind noch weitgehend unerforscht. Z. T. scheinen sie sich ganz ohne Energieverbrauch zu vollziehen.

Die Muskelsubstanz des Menschen besteht aus ungefähr 75% H_2O. 20% Eiweißstoffen (Myosin in den Fibrillen und Myogen im Sarkoplasma), 1% Abbaustoffen, wie Kreatin, Milchsäure, Harnstoff u. a., 1% Kohlehydrate (hauptsächlich Glykogen), 1% Fette und Lipoide und 1,5% anorganische Salze.

Im allgemeinen arbeiten die quergestreiften Muskeln viel schneller als die glatten. Sie kommen daher meist bei schnell beweglichen Tieren (z.B. bei Arthropoden und bei Wirbeltieren als Skelettmuskeln) und bei schnell arbeitenden Organen anderer Tiere (z. B. in den Ringmuskeln der Medusen, den Schließmuskeln von *Pecten,* den Körpermuskeln von *Sagitta,* den Herzmuskeln usw.) vor. Glatte Muskeln findet man dagegen vorwiegend bei langsam beweglichen Wirbellosen und in träge arbeitenden Organen (z. B. Darm, Harnblase, Uterus, Gefäßwände usw.). Bei den Wirbeltieren kann man nach dem Gehalt an nicht zu Fibrillen differenziertem Plasma (Sarkoplasma) zwei Arten von quergestreiften Muskeln unterscheiden. Die sarkoplasmareichen roten Muskeln, die langsam, aber ausdauernd wirken und daher für Dauerleistungen (z. B. Flugmuskeln gut fliegender Vögel) verwendet werden; und die plasmaarmen (fibrillenreichen) blassen Muskeln, die schnell, aber wenig anhaltend, arbeiten. Man findet sie in Organen, die kurzfristige, schnelle Arbeiten leisten, wie in den Flattermuskeln schlechter Flieger (z. B. Hühner).

Muskelkontraktion erfolgt nur auf Reizung hin, und zwar für gewöhnlich durch Impulse, die vom Nervensystem durch motorische Bahnen den Muskeln zufließen. Der Nerv tritt mit dem Muskel durch die motorischen Endplatten (Abb. 3) in Verbindung, kleinen linsenförmigen Körpern unter dem Sarkolemm. Die Endplatten sind selbständige Organe, in denen die Erregungsleitung verzögert wird. Sie lassen sich durch Curarin, den wirksamen Bestandteil des indianischen Pfeilgiftes Curare (eines Pflanzenalkaloids), vorübergehend ausschalten, so daß die Erregung nicht von den Nerven auf den Muskel übergehen kann. Man nimmt an, daß die Endplatten durch die Nervenerregung zur Produktion eines elektrischen Stromes veranlaßt werden, der seinerseits die Muskelfaser erregt; oder, daß sie einen Reizstoff, das Acetylcholin, den Essigsäureester des

$$\text{Cholins}\left\{\begin{array}{l}CH_2\cdot N\begin{array}{l}\diagup (CH_3)_3\\ \diagdown OH\end{array}\\ |\\ CH_2O\cdot CO\cdot CH_3\end{array}\right\}\text{hervorbringen, der dies besorgt.}$$

Der Muskel besitzt aber auch die Fähigkeit, auf Reize, die ihn direkt treffen, durch Kontraktion zu antworten. Solche Reize können mechanisch (z. B. Kneifen oder Schlagen), chemisch (z. B. Säuren, Alkalien, Salze), thermisch oder elektrisch sein. Die elektrische Reizung ist für die experimentelle Nerv-Muskelphysiologie besonders wichtig, da sie leicht dosierbar ist und den Muskel nicht schädigt.

Zur Erforschung und Demonstration der Muskeltätigkeit bedient man sich vielfach des Nervmuskelpräparats. Der Muskel (z. B. der M. gastrocnemius von *Rana)* wird mit seinem Nerven (N. ischiadicus) auspräpariert (Abb. 4 a), an einem Stativ befestigt und mit einem belasteten Schreibhebel verbunden (Abb. 4 b), dessen Spitze auf der berußten rotierenden Trommel eines Kymographions schreibt. Die Reizung (mit Elektroden) kann indirekt über den Nerven (Abb. 4 b) oder direkt am Muskel erfolgen.

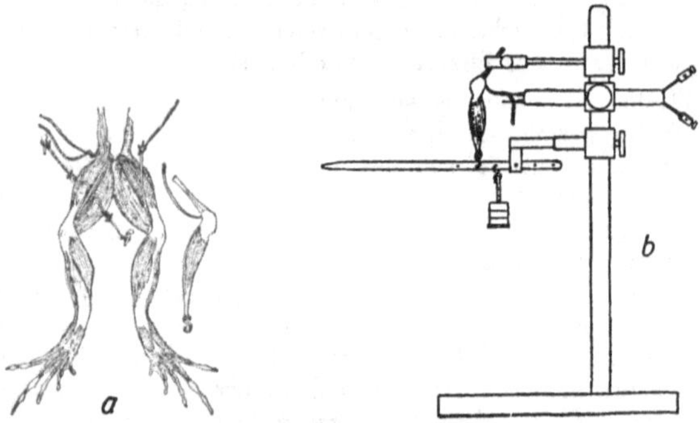

Abb. 4.
a: Präparation des Musculus gastrocnemius und des Nervus ischiadicus von *Rana*. b: Nervenmuskelpräparat von *Rana* an einem Schreibhebel montiert. Indirekte elektrische Reizung. (Nach H e r t e r.)

Ein einzelner überschwelliger kurz dauernder Reiz (z. B. ein Induktionsschlag), der den Muskel trifft, löst eine plötzliche Kontraktion — eine „Zuckung" — aus, bei der man

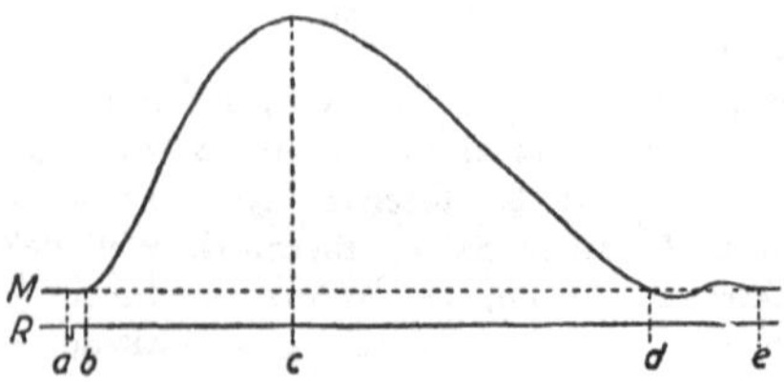

Abb. 5.
Kurve der Einzelzuckung eines Muskels.
M = Muskelschreiblinie, R = Reizschreibung, a—b: Latenzphase, b—c: Kontraktionsphase, c—d: Expansionsphase, d—e: elastische Nachschwankung

drei Phasen unterscheidet: 1. die Latenzphase (die Zeit zwischen dem Reizmoment und dem Beginn der Kontraktion), 2. die Kontraktionsphase und 3. die Expansionsphase. Die graphische Wiedergabe einer solchen Zuckung (ein Myogramm) zeigt Abb. 5. Die Dauer der Zuckung und ihrer Phasen ist nach Tier- und Muskelart sehr verschieden, wie folgende Beispiele zeigen:

	Rana, quergestr. Muskel	*Musca*, quergestr. Thoraxmuskel	*Rana*, glatter Muskel
Latenzphase	0,008 Sek.	0,0001 Sek.	5 Sek.
Kontraktionsphase	0,050 „	0,0015 „	15 „
Expansionsphase	0,075 „	0,0015 „	75 „
Ganze Zuckung	0,133 Sek.	0,0031 Sek.	95 Sek.

Bei Erhöhung der Reizintensität nimmt das Ausmaß der Kontraktion bis zu einer gewissen Reizgröße, dem „maximalen Reiz", zu. Stärkere Reize vergrößern die Kontraktion nicht mehr. Folgen mehrere maximale Reize so schnell aufeinander, daß der zweite Reiz den Muskel trifft, bevor er

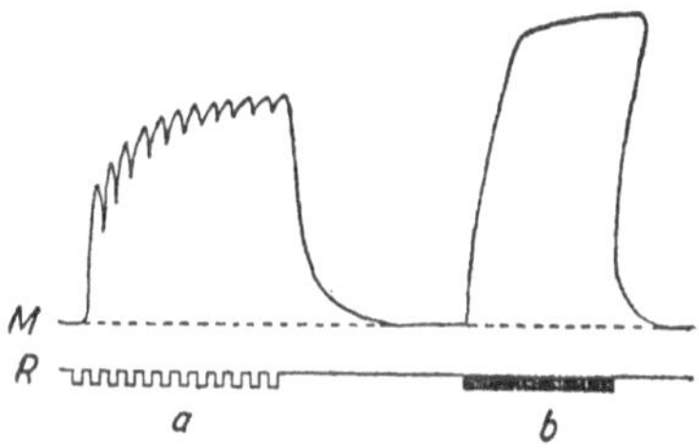

Abb. 6

Kurven von Dauerverkürzungen eines Muskels. a: unvollkommener, b: vollkommener Tetanus. M = Muskelschreiblinie, R = Reizschreibung.

wieder erschlafft ist, so summieren sich ihre Wirkungen, und die Kontraktion wird stärker. Bei einer Reizfolge, die dem Muskel zwischen den einzelnen Impulsen eine kurze Erschlaffung gestattet, erhält man eine Dauerverkürzung, einen Tetanus, dessen Kurve gezackt ist (unvollkommener Tetanus), während eine schnellere Folge, die dies nicht erlaubt, eine glatte Kurve (vollkommener Tetanus) liefert (Abb. 6). Alle natürlichen Kontraktionen quergestreifter Muskeln, auch kurze Schläge u. dergl., sind, bis auf wenige Ausnahmen (z. B. Herz, s. Teil I, S. 119) Tetani, also Dauerverkürzungen. Wird ein Muskel längere Zeit hintereinander zur Kontraktion veranlaßt, so wird diese allmählich immer schwächer und ist endlich überhaupt nicht mehr hervorzurufen; der Muskel ermüdet, weil der Sauerstoff für die Resynthese des Glykogens (s. S. 12) nicht schnell genug herbeigeschafft werden kann. Nach Aufhören der Reizung erfolgt Erholung.

Im lebenden Körper sind die Muskeln fast stets (auch im Schlaf) in einem gewissen Spannungszustand, der Tonus genannt wird. Er wird bei den quergestreiften Muskeln vom Zentralnervensystem aufrechterhalten, das dauernd Impulse aussendet, durch die einzelne Fasern zur tetanischen Kontraktion angeregt werden. Dieser Tetanotonus kann von dem Muskel so lange ohne Ermüdung aufrechterhalten werden, weil wahrscheinlich die Impulse abwechselnd zu verschiedenen Fasergruppen in demselben Muskel geleitet werden. Es ist anzunehmen, daß jeder überschwellige Reiz die Muskelfaser zu maximaler Kontraktion veranlaßt. Daß dies beim ganzen Muskel nicht der Fall ist, liegt daran, daß meist nur ein Teil der Fasern gleichzeitig eingesetzt wird. Die Muskelfaser gehorcht dem „Alles- oder Nichts-Gesetz" (s. Teil 1, S. 121), der ganze Muskel jedoch nicht (vgl. S. 24).

Bei der bisher betrachteten Reizungsart verkürzt sich der Muskel, verändert also seine Länge, während seine Spannung (Tonus) im unverkürzten und im verkürzten Zustand so groß ist, daß sie das angehängte Gewicht trägt, also gleich bleibt. Der Muskel arbeitet isotonisch. Ist der Muskel mit beiden Enden zwischen zwei festen Punkten ausgespannt, so daß er sich nicht verkürzen kann, so erhöht er bei Reizung seine innere Spannung, behält aber seine Länge bei, er arbeitet isometrisch. Im Körper kommen oft beide Arbeitsweisen miteinander kombiniert vor, z. B. heben die Kaumuskeln der Säugetiere den Unterkiefer isotonisch und pressen ihn beim Beißen und Kauen isometrisch an den Oberkiefer.

Während die tetanischen Dauerverkürzungen der quergestreiften Muskeln Energie benötigen und daher nur relativ kurze Zeit aufrecht erhalten werden können, haben glatte Muskeln die Fähigkeit, bestimmte Verkürzungsgrade anscheinend ohne Energieverbrauch außerordentlich lange beizubehalten. Solche Muskeln verharren in ihnen aktiv oder passiv erteilten Längen gegen Widerstände geraume Zeit, sie sind dann in einem bestimmten Verkürzungsgrad „gesperrt". Man nennt sie daher Sperr- oder Tragmuskeln. Sie kontrahieren sich, im Gegensatz zu den schnell und wenig ausdauernden Bewegungs- oder Arbeitsmuskeln, nur langsam (s. Tabelle auf S. 15).

Die Schalenschließmuskeln der Muscheln bestehen aus Arbeitsmuskeln, die den schnellen Schalenschluß bewirken, und aus Sperrmuskeln, die die Schale wochenlang, selbst bei Belastung durch Gewichte, geschlossen halten können. Ihre Arbeitsleistung ist erheblich, denn der Sperrmuskel der Auster z. B. vermag 12 kg pro 1 qcm Querschnitt zu tragen, während der Arbeitsmuskel desselben Tieres nur 0,5 kg hebt.

Eine besondere Eigenschaft einiger glatter Muskeln ist der sog. plastische oder viskosoide Tonus, wie er z. B. in den Fußmuskeln von Schnecken auftritt. Belastet man einen Fuß von *Helix*, dessen nervöse Zentren (Pedalganglien) man entfernt hat, mit einem Gewicht, so dehnt er sich. Man kann diese Dehnung auf einem Kymographion aufschreiben lassen und erhält eine typische Kurve (Abb. 7). Die Dehnung

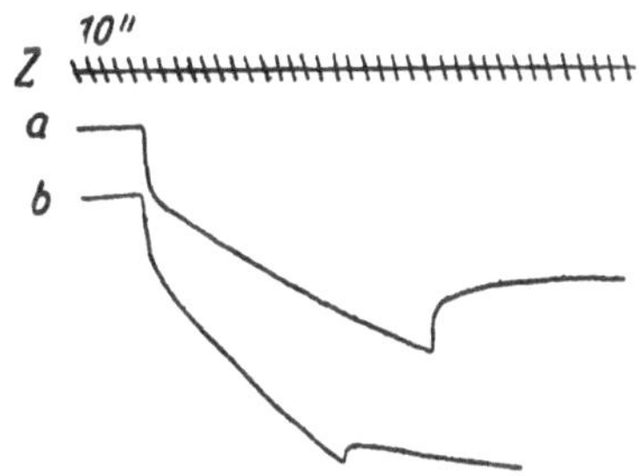

Abb. 7

Dehnungs- und Entlastungskurven zweier Füße der Weinbergschnecke (*Helix pomatia*) ohne Ganglien. a: Belastung 25 g, Entlastung auf 0 g, Temp: + 16,75° C. b: Belastung 25 g, Entlastung auf 15 g, Temp.: + 20,25° C. Z = Zeitschreibung (10 Sek.). (Nach Herter.)

erfolgt zunächst schnell (steiles Kurvenstück) und dann langsam und gleichmäßig, und zwar nimmt ihre Geschwindigkeit mit steigender Temperatur zu. Entfernt man das Gewicht, so kontrahiert sich der Muskel schnell ein kleines Stück und behält dann etwa seine Länge bei (a). Entlastet man nur um einen Teil des Gewichtes, so kontrahiert er sich weniger und dehnt sich dann langsam weiter (b). Dies wird vielleicht durch die Hypothese vorstellbar, daß in der glatten Muskelfibrille kontraktile Mizellen in einer plastischen Füllmasse liegen (s. S. 10 und Abb. 8). Wird die Fibrille belastet, so dehnen sich die elastischen Elemente schnell auf die der Last entsprechende Länge (schnelle Anfangsphasen der Kurven in Abb. 7 und Abb. 8 b). Die plastische Füllmasse wird durch

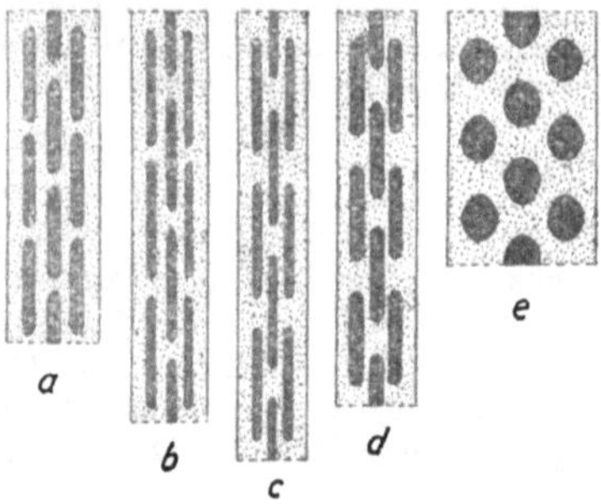

Abb. 8

Schema des möglichen submikroskopischen Baues glatter Muskelfibrillen. Schwarz: elastische-kontraktile Mizellen, gepunktet: plastische (viscosoide) Zwischensubstanz. a: Fibrille in Ruhe. b: Beginn der Dehnung bei Belastung. c: Nach längerer Dehnung. d: Nach Entlastung. e: Isotonische elektrische Reizung.

die Last ebenfalls, und zwar kontinuierlich, ausgezogen, so daß die Zwischenräume zwischen den kontraktilen Elementen größer werden und die Fibrille langsam immer länger wird (flache Teile der Kurven und Abb. 8 c). Wird die Last entfernt, so hört diese plastische Dehnung auf und die kontraktilen Elemente ziehen sich elastisch schnell auf ihre Ursprungslängen zusammen, wodurch sich die Fibrille etwa um die Strecke der anfänglichen schnellen Dehnung verkürzt (rechtes aufsteigendes Stück der Kurve a und Abb. 8 d). Wird nur zum Teil entlastet, so ziehen sich die kontraktilen Elemente — maßgeblich der noch verbleibenden Last — nur um ein kleines Stück zusammen, und die plastische Dehnung geht mit verminderter Geschwindigkeit weiter (rechtes Ende der Kurve b). Als Modell kann man sich auch vorstellen, daß die einzelne Muskelfibrille aus hintereinander liegenden plastischen und elastischen Anteilen zusammengesetzt ist, sich also etwa wie ein Faden verhält, dessen eine Hälfte aus einer plastischen Masse (Gelatine, Plastilin) und dessen andere aus einem elastischen Stoff (Gummi) besteht (Abb. 9). Während der Be- und Entlastung lassen sich vom Schneckenfuß

Aktionsströme ableiten. Dagegen zeigt die Galvanometersaite während der kontinuierlichen Dehnung keine Ausschläge, obgleich der Muskel auch jetzt Arbeit leistet, da er ja das

Abb. 9

Konstruktion der Dehnungs- und Entlastungskurven des Schneckenfußes, wenn die einzelne Muskelfibrille aus plastischen und elastischen Teilen zusammengesetzt ist. a: totale b: teilweise Entlastung. Plastische Teile gestrichelt, elastische ausgezogen. (Nach H e r t e r.) e = Enden der plastischen Teile, Z = Zeiteinheit.

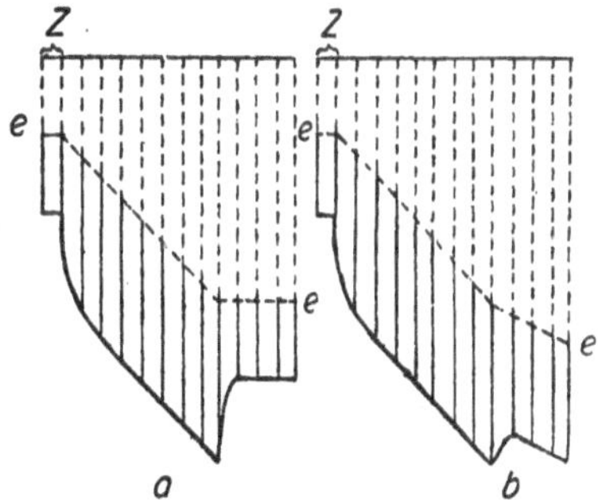

Gewicht trägt. Der plastische oder viskosoide Tonus arbeitet demnach ohne Stoffwechselveränderungen und ohne Energieverbrauch. Der plastische Anteil verhält sich wie eine tote visköse Substanz, jedoch wird der Viskositätsgrad durch das Zentralnervensystem reguliert, da bei einem *Helix*fuß mit Pedalganglien die Dehnungskurve im ersten Teil steiler und dann ziemlich plötzlich („Umschlag") flacher verläuft als bei dem ganglienlosen Fuß. Durch nervöse Impulse wird die Viskosität zuerst vermindert und dann erhöht (Zentraltonus). Bei faradischer Reizung kontrahieren sich nur die elastischen Elemente (Abb. 8 e), während die plastischen darauf nicht ansprechen. Daher verkürzt sich ein *Helix*fuß bei isotonischer faradischer Reizung relativ um so weniger, je stärker gedehnt er ist.

Die Anordnung der Muskeln im Tierkörper bedingt dessen Bewegungsmöglichkeiten. Meist arbeiten die Muskeln gegen entgegengesetzt gerichtete Kräfte, die die Bewegung wieder rückgängig zu machen suchen. Solche A n t a g o n i s t e n können elastische Kräfte (z. B. Schloßbänder der Muscheln) oder andere Muskeln sein.

Abb. 10. Umkehrreaktion einer Planarie. (Nach *Pearl* aus *Jennings*.)

Es lassen sich einige Hauptbewegungstypen unterscheiden. *Muskelparenchymbewegung* wird von solchen Tieren und Organen ausgeführt, bei denen die Muskeln in einer kompakten Gewebsmasse, einem Parenchym, in verschiedenen Richtungen verlaufen. Meist gibt es Ring-, Längs-, Quer- und Dorsoventralmuskelzüge. Je nachdem, welche Muskeln sich ein- oder doppelseitig kontrahieren, können die verschiedensten Biegungen, Streckungen oder Windungen ausgeführt werden (Abb. 10). Kontraktionswellen einiger der Muskelarten können der Fortbewegung dienen, wie beim Kriechen der Schnecken oder mancher Plattwürmer. Bei den Hirudineen wird der am Hinterende durch einen muskulösen Saugnapf angeheftete Körper durch Kontraktion der Ringmuskeln gestreckt, der Vordersaugnapf festgeheftet und durch Kontraktion der Längsmuskeln das Hinterende vorgebracht und angeheftet, so daß einzelne Schritte erfolgen. Ein gutes Beispiel für Muskelparenchymbewegung bietet die Zunge der Säuger. Wirken außenliegende Muskelschichten gegen einen mit Flüssigkeit oder anderem beweglichen Inhalt gefüllten Hohlraum, so spricht man von *Hohlmuskelbewegung*. Hieran können nur Ringmuskeln (Medusenschirm), nur Längsmuskeln (Nematoden) oder beide Muskelarten (Hautmuskelschlauch vieler Würmer, Därme) oder auch komplizierte Muskelgeflechte (Wirbeltierherz) beteiligt sein. Die Bewegung kann in Schlängelungen (viele Würmer), Kontraktionswellen (Darmperistaltik, viele Würmer) oder in Pumpbewegungen (Herzen, Schwimmen der Medusen und Chephalopoden durch Rückstoß [s. Teil 1, S. 88] bestehen. Dem wechselnden Druck in den Hohlorganen kann sich die Muskelhülle in vielen Fällen vermöge ihrer plastischen Eigenschaften anpassen (z. B. bei der Harnblase). Werden feste Skeletteile, die gelenkig mit einander verbunden sind, bewegt, so können die hieran beteiligten Muskeln entweder innerhalb oder außerhalb dieser Skelette liegen. Bei den Arthropoden wirken die Muskeln gegen *Außenskelette*, indem einige von ihnen feste Chitinteile, die mit benachbarten durch zarte biegsame Gelenkhäute verbunden sind, von innen her in bestimmter Richtung bewegen. Andere bewegen diese Teile im entgegengesetzten Sinne. Die Flugbewegung der Insekten wird — außer bei den Libellen, die besondere Flugmuskeln haben — durch Verengung und Erweiterung des Thorax bedingt (Abb. 11). Durch Verbiegung des Chitinskeletts werden die Flügel passiv auf- und abwärts geschlagen. Kontrahieren sich die Dorsoventralmuskeln, so flacht sich der Thorax ab, und die Flügel werden gehoben, während beim Zusammenziehen ihrer Antagonisten, der Längs- und Schrägmuskeln, das Umgekehrte eintritt. Kleine, an den Flügelbasen ansetzende Muskeln, bewirken feinere Richtungsänderungen des Flügelschlages. Die so erreichte Schlagfrequenz kann sehr erheblich sein; bei der Honigbiene beträgt sie etwa 200 und bei der Stubenfliege gar über 300 Schläge pro Sekunde. Durch Wirkung von Muskeln, die *von außen* an Skelettstücke angreifen, erfolgt die Bewegung der Wirbeltiere. Die Beweglichkeit der Skeletteile gegeneinander wird durch Gelenke ermöglicht. Die Ausbildung und Funktion dieser Gelenke ist sehr mannigfaltig und z. T. sehr verwickelt. An den Gliedmaßen (Abb. 12) wirken Antagonisten gegeneinander. Der Rhythmus des Arbeitens der Beuger und Strecker wird oft reflektorisch reguliert (s. S. 31).

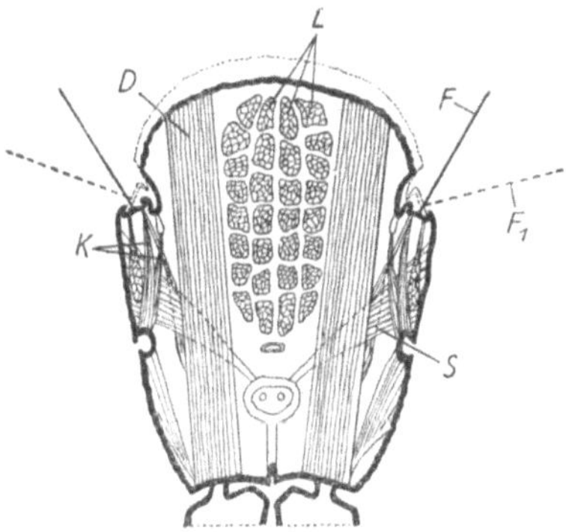

Abb. 11.
Schematischer Querschnitt durch den Thorax einer Ameise. (Nach J a n e t aus H e s s e.) Gestrichelte Linie: Umriß des erweiterten Thorax bei Kontraktion der Längs- (L) und Schrägmuskeln (S), D = Dorsoventralmuskeln, F = Flügel bei verengtem Thorax (Aufwärtsbewegung), F_1 = Flügel bei erweitertem Thorax (Abwärtsbewegung), K = kleine Muskeln, die feinere Richtungsänderungen der Flügel bewirken.

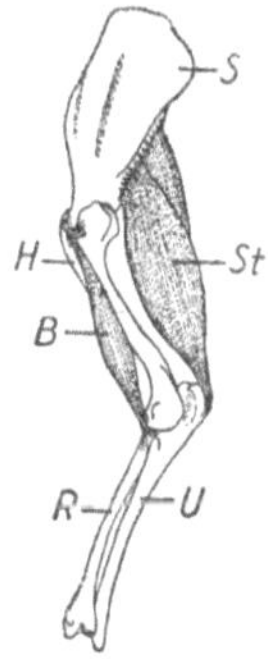

Abb. 12.
Vorderextremität des Hundes. (Nach v o n L e n g e r k e n.) B = Beugemuskel, H = Humerus, R = Radius, S = Scapula, St = Streckmuskel, U = Ulna.

C. Reizerscheinungen

I. Nervenphysiologie

a) Allgemeines

Die Physiologie der Reizerscheinungen behandelt die Vorgänge, die zwischen der Reizung und der Reaktion liegen, also das, was wir als primären und sekundären Reizerfolg bezeichneten (s. S. 6). Daraus ergibt sich eine Einteilung des Stoffes in die Physiologie der Rezeptoren oder die S i n n e s - p h y s i o l o g i e und die Physiologie der Erregungsleitung oder die N e r v e n p h y s i o l o g i e. Wenn auch der primäre Reizerfolg in der Regel in der Erregung der Sinnesorgane besteht, so ist es doch zweckmäßig, zuerst die Nervenphysiologie zu behandeln, weil in ihr die verwickelten Gesetzmäßigkeiten der Erregungsvorgänge klarer zum Ausdruck kommen.

Bei den Metazoen ist die Erregungsleitung im wesentlichen an bestimmte Strukturen gebunden, die man in ihrer Gesamtheit als N e r v e n s y s t e m e bezeichnet. Die Elemente dieser Systeme sind die N e r v e n- oder G a n g l i e n z e l l e n. Eine solche Zelle, die man auch N e u r o n nennt (Abb. 13), besteht aus dem kernhaltigen Zellkörper, von dem Fortsätze, die N e r v e n f a s e r n, ausgehen: die D e n d r i t e n, die mehrere Neuronen miteinander, und die N e u r i t e n oder A x o n e, die die Nervenzellen mit den Rezeptoren oder Effektoren verbinden. Bei den meisten Ganglienzellen der Wirbeltiere sind die Neuriten von einer besonderen Scheide, der Markscheide oder Myelinhülle, die hauptsächlich aus Lipoiden (s. Teil I, S. 19) besteht, umschlossen. Diese kann wieder von einer zarten, mit Kernen und Einschnürungen (R a n v i e r schen Schnürringen) versehenen S c h w a n n schen Scheide umhüllt sein. Derartige Nervenfortsätze nennt man m a r k h a l t i g. Die distalen Enden der Nervenfortsätze verzweigen sich mehr oder weniger stark. Die Verzweigungen der markhaltigen Fasern an den Rezeptoren und Effektoren — die E n d b ä u m c h e n — sind hüllenlos. Sie können mit besonderen Endorganen wie den motorischen Endplatten (s. S. 13 und Abb. 3) in Verbindung stehen. Durch die Nervenzelle und ihre Fortsätze ziehen feine Fasern, die N e u r o f i b r i l l e n, die höchst wahrscheinlich die Leitungsbahnen für die Erregung darstellen. Sie verlaufen in den Fortsätzen parallel zueinander und können im Zellkörper Netze bilden. In den Dendriten miteinander verbundener Neuronen gehen die Neurofibrillen (wenigstens bei Wirbeltieren) vielleicht kontinuierlich ineinander über. Meistens legen sich aber die Fortsätze wohl nur dicht aneinander (Neuronenlehre), sie bilden S y n a p s e n. Als N e r v e n bezeichnet man Bündel von einigen oder vielen Neuriten, die durch Bindegewebe (Neurilemm) verbunden sind. Sie können beträchtliche Längen erreichen. Man unterscheidet 2 Arten von Nerven: solche, die Erregungen von den Rezeptoren wegleiten, r e z e p t o r i s c h e, zentripetale oder sensible Nerven, und solche, die den Effektoren Erregungen zuführen; sie werden als e f f e k t o r i s c h e, zentrifugale und je nach der Art des Effektors als motorische, sekretorische usw. bezeichnet.

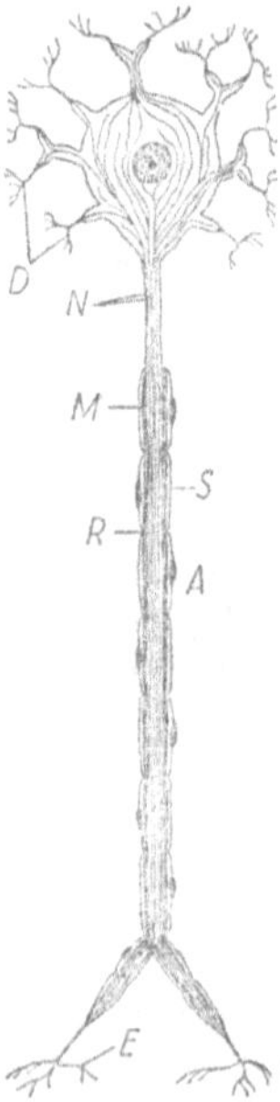

Abb. 13. Schema der Nervenzelle eines Wirbeltieres. A = Axon, D = Dendriten, E = Endbäumchen, M = Markscheide, N = Neurofibrillen, R = *Ranvier*scher Schnürring, S = *Schwann*sche Scheide.

Die Erregung, die der Nerv leitet, wird ihm im lebenden Organismus im allgemeinen durch den Rezeptor zugeführt.

Der Nerv selbst ist jedoch ebenfalls reizbar; d. h. es entsteht in ihm durch physikalisch-chemische Einflüsse Erregung. Diese Reize können in mechanischen, thermischen, elektrischen oder chemischen Vorgängen bestehen (vgl. Muskel, S. 13). Was im Nerven bei der Reizung geschieht, d. h. was Erregung ist, wie sie entsteht und wie sie geleitet wird, ist nicht genau bekannt. Sehr wahrscheinlich ist Erregung ein chemischer Vorgang, da der Ruhestoffwechsel des Nerven bei Reizung erhöht wird, was sich in gesteigertem O_2-Verbrauch und vermehrter Wärmebildung äußert. Auch ist der Nerv durch lipoidlösliche Stoffe (Alkohol, Äther, Chloroform usw.) narkotisierbar und die Geschwindigkeit der Erregungsleitung ist temperaturabhängig, wobei in gewissen Grenzen die van t'Hoffsche Regel (s. Teil 1, S. 33) gilt. Bei der Erregung entstehen im Nerven bestimmte Stoffe — Aktionssubstanzen —, von denen das Acetylcholin (s. S. 13) und das Aneurin (s. Teil 1, S. 24) die wichtigsten sind. Ähnlich wie im Muskel scheint auch im Nerven Kreatin und Phosphorsäure aus Kreatinphosphorsäure gebildet zu werden (s. S. 11).

Die durch einen Reiz erzeugte Erregung läuft als Erregungswelle die Nervenfasern entlang, und zwar im effektorischen markhaltigen Nerv der Wirbeltiere mit gleichbleibender Geschwindigkeit. Man kann diesen Vorgang mit dem Fortschreiten des Verbrennungsprozesses in einer Lunte (einem mit Schießpulver gefüllten Schlauch) vergleichen. Wird die Lunte entzündet, so ist es gleichgültig, ob dies durch ein Streichholz oder durch ein Sauerstoffgebläse erfolgt; die zugeführte Wärmemenge muß nur so groß sein, daß das Pulver entzündet wird. Entsprechend erzeugt jeder überschwellige Reiz in der Nervenfaser eine gleichstarke Erregungswelle. Der effektorische Nerv der Wirbeltiere gehorcht dem Alles- oder Nichts Gesetz (vgl. S. 16).

Ein Beweis hierfür läßt sich wie folgt erbringen: Die beiden Nervmuskelpräparate der Wadenmuskeln eines Frosches werden so montiert, daß ihre Nerven in einem flüssigen Narkotikum (2%iges Urethan) liegen. Die Narkosestrecke des einen ist doppelt so lang wie die des anderen (Abb. 14). Beide Muskeln sind mit isotonischen Hebeln verbunden, die

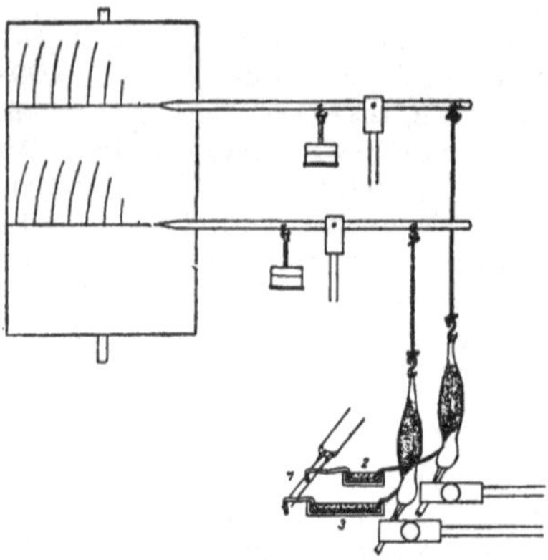

Abb. 14.

Schema der Versuchsanordnung zum Nachweis des Alles-oder-Nichts-Gesetzes (Nach Herter.) 1 = Elektroden, 2 = kleine, 3 = große Narkosestrecke.

ihre Kontraktionslinien untereinander schreiben. Werden beide Nerven gleichzeitig mit denselben Elektroden mit Einzelöffnungsschlägen von maximaler Stärke gereizt, so kontrahieren sich beide Muskeln gleich stark. Nach wiederholter Reizung in kleinen Zeitabständen werden die Ausschläge beider Hebel gleichzeitig kleiner und hören bald darauf gleichzeitig auf (Abb. 14). Das Narkotikum durchdringt die Nerven langsam von außen her und erreicht bei beiden, da sie gleich dick sind, gleichzeitig die Mitte und sperrt den Erregungsdurchgang, wie bei der Lunte, wenn sie von Wasser durchdrungen wird, der Funke erlischt, sobald die Durchfeuchtung die Mitte erreicht. Die Länge der narkotisierten (durchfeuchteten) Strecke ist belanglos. Solange noch Erregung durch die Nervenfaser fließen kann, gelangt sie ungeschwächt zum Muskel. Daß die Ausschläge nach einer gewissen Zeit kleiner werden, liegt daran, daß zuerst periphere Nervenfasern ausgeschaltet und daher weniger Muskelfasern erregt werden. Durch die einzelne Nervenfaser geht die Erregung mit der gleichen Intensität. Die Nervenfaser leitet entweder „Alles“ oder „Nichts“.

Wenn das Pulver verbrannt ist, kann die Lunte erst wieder brennen, wenn sie neu gefüllt wird, was eine gewisse Zeit beanspruchen würde. Entsprechend ist eine Nervenstrecke, über die eine Erregung gelaufen ist, eine kurze Zeit unerregbar, bis durch unbekannte Stoffwechselprozesse der alte erregungsbereite Zustand wieder hergestellt ist. Der Nerv hat eine refraktäre Periode, die im markhaltigen Wirbeltiernerven einige σ (1 σ = 1/1000 Sek.) dauert. Für viele marklose Fasern gilt das Alles- oder Nichts-Gesetz nicht, sie leiten mit Dekrement, d. h. die Erregung nimmt während der Leitung ab, sie ist daher um so größer und durchläuft um so größere Strecken, je stärker der Reiz ist. Wie in der Lunte die Verbrennung in beiden Richtungen in gleicher Weise fortschreitet, so kann auch im Nerven die Erregung in beiden Richtungen fließen.

Dies zeigt der sog. Zweizipfelversuch am Musculus gracilis von *Rana*, dessen motorischer Nerv sich gabelt (Abb. 15). Wird der Muskel zwischen der Gabelung durchschnitten und reizt man den Nerven in a, so erfolgt Zuckung beider Hälften. Dasselbe tritt jedoch auch ein, wenn man in b reizt.

Dagegen wird die Erregung in den motorischen Endplatten der Muskeln, in den Übergängen zu den Sinnesorganen, in den Synapsen zwischen den Neuronen und durch die Ganglienzellen nur in einer Richtung hindurchgelassen.

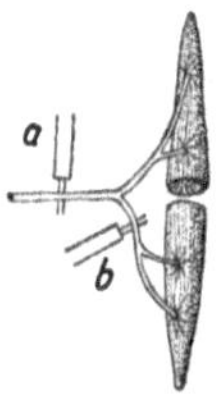

Abb. 15.
Schema des Zweizipfelversuches. a und b: Elektroden.

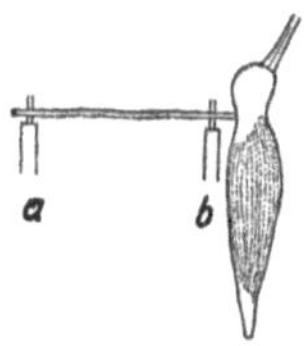

Abb. 16.
Schema zum Messen der Geschwindigkeit der Erregungsleitung an einem Nervenmuskelpräparat. a und b: Elektroden.

Bei längerer Reizung kann sowohl der Rezeptor als auch der Effektor ermüden (s .S. 12 u. 15). Auch in den Ganglienzellen sind Erschöpfungserscheinungen zu beobachten (Verschwinden der N i ß l schen Körner). Dagegen ermüden die Nervenfasern praktisch nicht, wie unter anderem daraus hervorgeht, daß ein mit Curare (s. S. 13) vergiftetes Nervenmuskelpräparat, dessen Nerv man stundenlang elektrisch reizt, zuckt, sobald die Curarewirkung aufhört, so daß die Erregung den Muskel wieder erreichen kann.

Die G e s c h w i n d i g k e i t der Erregungsleitung in den Nerven ist meßbar und für die einzelnen Tier- und Nervenarten verschieden. Sie ist viel kleiner als die des elektrischen Stromes, woraus ebenfalls hervorgeht, daß die Erregung kein elektrischer Vorgang ist.

Zum Messen der Erregungsgeschwindigkeit benutzt man ein Nervmuskelpräparat, dessen Nerv an verschiedenen Stellen gereizt wird (Abb. 16). Reizt man bei a, so zuckt der Muskel nach a' Sek., bei Reizung in b. nach b' Sek. Setzt man a—b = A, so ist die Leitungsgeschwindigkeit $\frac{A}{a'-b'}$. Man kann auch von zwei Stellen Aktionsströme ableiten und ihre zeitliche Differenz bestimmen. Es wurden z. B. folgende Geschwindigkeiten ermittelt:

Teichmuskel *(Anodonta)*, Cerebro-Visceral-Konnektiv .	0,05	m/Sek.
Blutegel *(Hirudo)*, Bauchmark	0,4	„
Regenwurm *(Lumbricus)*, Bauchmark	0,6	„
Hummer, Scherennerv	6—12	„
Frosch *(Rana)*, Nerv des Musculus sartorius . . .	3,3— 5,4	„
Frosch *(Rana)*, Nervus ischiadicus bei +18,8 b. +20,2° C	18—29,4	„
Pferd, marklose Fasern	8	„
Pferd, markhaltige Fasern	30	„
Mensch, Nervus brachialis	70	„

Im allgemeinen nimmt die Geschwindigkeit mit der Organisationshöhe und Lebhaftigkeit der Tiere zu. Sie kann in verschiedenen Nerven desselben Tieres verschieden sein. In der Regel ist sie in markhaltigen Nerven größer als in marklosen. Mit steigender Temperatur nimmt sie zu. Z. B. beträgt sie im N. ischiadicus von *Rana* bei + 29,5 bis + 30,8 ° C 59 bis 72 m/Sek.

Für die experimentelle Tierphysiologie sind elektrische Reize die wichtigsten Hilfsmittel, da sie leicht dosierbar sind und das Nervengewebe im allgemeinen nicht schädigen. Auch scheint die elektrische Reizung den natürlichen Vorgängen bei der Nervenerregung am ähnlichsten zu sein. Der elektrische Strom verursacht in den Geweben Ionenverschiebungen, die wegen der für An- und Kationen verschiedenen Durchlässigkeit der Zellmembranen Konzentrationsveränderungen und Verschiebungen der PH-Werte (s. Teil 1, S. 12 u. 27) bedingen. Vielleicht werden hierdurch die die Erregung hervorrufenden chemischen Prozesse ausgelöst. Möglicherweise kommen die durch mechanische, thermische, chemische usw. Reizung der Nerven erzeugten Erregungen ebenfalls durch elektrische Reizung zustande, da bei jeder Erregung die erregte Stelle gegenüber der Umgebung negativ elektrisch wird, wodurch Aktionsströme entstehen (s. Teil 1, S. 142), die dann ihrerseits die die Erregung erzeugenden chemischen Vorgänge in Gang setzen können. Reizt man den Nerven eines Nervmuskelpräparates mit Gleichstrom, so zuckt der Muskel nur bei Stromschluß und bei stärkeren Strömen auch bei Stromöffnung, wogegen der Muskel während des Fließens des Stromes in Ruhe bleibt. Läßt man den Strom ganz langsam von unterschwelliger Stärke ansteigen, so erfolgt auch bei Stromstärken, die bei plötzlichem Schluß maximale Kontraktion verursachen keine Zuckung („Einschleichen" des Reizes). Für das Zustandekommen der Reaktion ist also die Zeit der Stromentstehung von Bedeutung. Während des Stromflusses wird jedoch der innere Zustand des Nerven (durch Ionenverschiebung) ohne äußeren Effekt verändert; es wird nämlich an

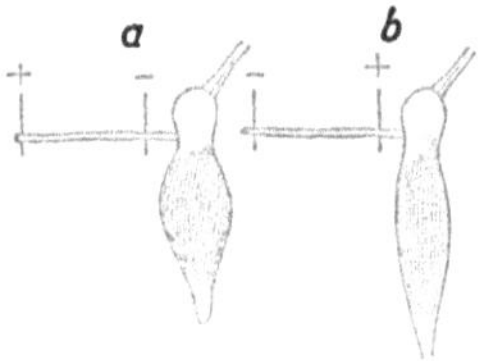

Abb. 17.

Schema zur Demonstration des An- und Kat-Elektrotonus. a: absteigender, b: ansteigender Strom. + = Anode. — = Kathode. Erklärung s. Text.

der Anode (+) die Erregbarkeit des Nerven herabgesetzt oder gelähmt (An-Elektrotonus) und an der Kathode (—) gesteigert (Kat-Elektrotonus). Es erfolgt daher bei der Schließung eines „absteigenden" überschwelligen Stromes (Abb. 17 a) stets eine Zuckung, während bei „ansteigender" Reizung (Abb. 17 b) der Effekt ausbleiben kann, weil die Erregung an der Kathode (—) entsteht und an der Anode (+) vor Erreichung des Muskels gelähmt wird. Bei Stromöffnung geht die Erregung scheinbar von der Anode aus, was daran liegt, daß durch den Strom in dem Gewebe ein Gegenpotential erzeugt wird, das nach Aufhören des ursprünglichen Reizstromes einen Strom in entgegengesetzter Richtung (Polarisationsstrom) verursacht, an dessen Kathode jetzt die Erregung entsteht. Es handelt sich bei dem „Öffnungsreiz" also eigentlich ebenfalls um einen Stromschluß. So wird es verständlich, daß die Reizschwelle für die Öffnung höher liegt als für die Schließung.

Das Verhalten des indirekt mit Gleichstrom gereizten Muskels läßt sich durch das sog. Pflügersche Gesetz ausdrücken:

Stromstärke	Absteigender Strom		Ansteigender Strom	
	Schluß	Oeffnung	Schluß	Oeffnung
schwach	Zuckung	Ruhe	Zuckung	Ruhe
mittel	Zuckung	Zuckung	Zuckung	Zuckung
stark	Zuckung	schwache Zckg. od. Ruhe	Ruhe	Zuckung

Ein Gleichstrom muß eine bestimmte kurze Zeit, die Nutzzeit, fließen, um maximale Erregung hervorzurufen. Längerer Fluß vermehrt den Effekt nicht mehr. Die Nutzzeit ist um so kürzer, je größer die Intensität des Stromes ist und je schneller er ansteigt. Die Nutzzeit ist wichtig zur Ermittlung einer für die Beurteilung der Erregbarkeit von Nerven oder anderer Organe gebrauchten Größe, der Kennzeit oder Chronaxie. Es wird zuerst die Grundstromstärke oder Rheobase bestimmt, das ist die Schwellenstromstärke für Dauerschließung eines Gleichstromes. Verdoppelt man die Intensität des Reizstromes und mißt für diese Intensität die Nutzzeit, so erhält man die Chronaxie. Sie ist im allgemeinen bei dicken Nerven kleiner als bei dünnen und ist um so kleiner je größer die Leitungsgeschwindigkeit ist.

Z. B. beträgt sie bei Muscheln 8 bis 3, im Bauchmark von *Hirudo* 30, in dem von *Lumbricus* 20, im Nervus ischiadicus von *Rana* 0,3 und im Musculus biceps des Menschen 0,15 σ (vgl. S. 26).

Bei Reizung mit Wechselstrom wirkt in der Regel nur die Schließung, da die Dauer der einzelnen Phasen für eine Wirkung der Öffnung zu kurz ist. Die Frequenz des Wechselstroms muß so groß sein, daß die Dauer einer Phase so lang oder länger als die Nutzzeit ist. Die Reizschwelle liegt daher um so höher, je größer die Frequenz ist.

Die Gesamtheit der miteinander verbundenen Ganglienzellen und ihrer Fortsätze bezeichnet man als Nervensysteme. Man unterscheidet zwei Typen, die diffusen und die konzentrierten. Bei diffusen Nervensystemen oder Nervennetzen, die bei manchen niederen Tieren (z. B. Cölenteraten) vorkommen, aber auch bei höheren neben den konzentrierten auftreten, bilden die Neuronen ein mehr oder weniger dichtes Maschenwerk (Abb. 18). Einige Ganglienzellen stehen mit Rezeptoren, andere mit Effektoren in Verbindung. Erregungen können so von vielen Stellen der Peripherie aufgenommen und nach allen Seiten weitergeleitet werden. Dabei nimmt die Intensität der Erregung mit der Entfernung vom Rezeptor ab (Dekrement). Oft erfolgt die Erregungsausbreitung nach allen Seiten gleichmäßig, jedoch findet sich vielfach eine Art Polarisierung, d. h. die Erregung kann in dem Nervennetz nur nach einer Richtung fließen.

Abb. 18

Schema des diffusen Nervensystems von *Hydra* (Süßwasserpolyp.)

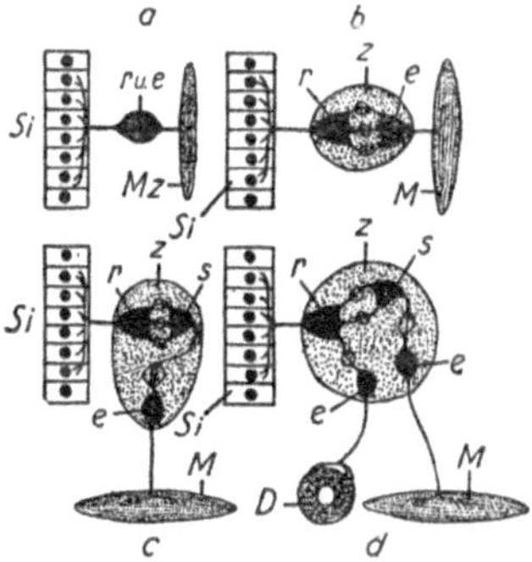

Abb. 19.

Schemata von Reflexbögen. a: einfachster Fall (nur 1 Neuron), b: 2 Neuronen, c: das rezeptorische Neuron ist mit dem effektorischen durch eine Schaltzelle (Zwischenneuron) verbunden, d: das rezeptorische Neuron ist mit 2 effektorischen Neuronen verbunden. D = Drüse, e = effektorische Neuronen, M = Muskeln, Mz = Muskelzelle, r = rezeptorische Neuronen, S = Schaltzellen, Si = Sinnesepithel, Z = ZNS

Die peristaltische Bewegung des Wirbeltierdarms wird durch Nervennetze (Nervenplexus) bedingt. Sie erfolgt immer in craniocaudaler Richtung. Schneidet man ein Darmstück heraus und läßt es umgekehrt einheilen, so laufen in ihm die Kontraktionswellen von hinten nach vorn (antiperistaltische Bewegung).

Bei den **k o n z e n t r i e r t e n N e r v e n s y s t e m e n** liegen die Körper der Nervenzellen zusammen, sie sind zu besonderen Zentren, den Ganglien, vereinigt. Von ihnen laufen die effektorischen Fasern zu den Erfolgsorganen und in sie treten die von den Rezeptoren kommenden sensiblen Neuriten ein. Die Massen der Ganglien bilden das Zentralnervensystem (ZNS), während man die Summe der Neuriten als peripheres Nervensystem bezeichnet. Es gibt im ZNS mindestens zwei Arten von Ganglienzellen, rezeptorische oder sensible, deren Fasern, zu sensiblen Nerven vereinigt, die Erregung zentripetal dem ZNS zuleiten, und effektorische (motorische, sekretorische usw.), die sie zentrifugal zu den Erfolgsorganen weitergeben. Die Erregung kann nun direkt von den rezeptorischen auf die effektorischen Neuriten übertragen werden, jedoch sind oft dazwischen Schaltzellen oder Zwischenneuronen in die Leitung eingefügt. Die Fasern dieser Schaltzellen bilden mit denen der rezeptorischen und effektorischen Neuronen an den Übergangsstellen, den Transfertzonen, starke Verzweigungen, die Nervenfilze oder Neuropileme. Außerdem stehen im ZNS die Dendriten der einzelnen Zentren vielfach miteinander in Verbindung.

Die Verbindung: Rezeptor — Leitungsbahn — Effektor nennt man einen Reflexbogen. Im einfachsten Fall besteht er nur aus einer Nervenzelle, die gleichzeitig Rezeptor und Leitungsbahn ist, und dem Erfolgsorgan, z. B. einer Muskelzelle (Abb. 19 a). Meist geht die Verbindung Rezeptor — Effektor jedoch über mehrere Ganglienzellen. Dabei kann das rezeptorische Neuron direkt mit dem effektorischen verbunden sein (Abb. 19 b), oder es sind Zwischenneuronen eingeschaltet (Abb. 19 c), oder die rezeptorische Ganglienzelle steht direkt oder indirekt mit mehreren Effektoren in Verbindung (Abb. 19 d). Der Reflexbogen ist die Grundlage für die physiologischen Erscheinungen, die man als Reflexe bezeichnet. Die primitivste Art des Reflexes ist der einfache unbedingte Reflex. Reizung des Rezeptors erzeugt eine Erregung, die durch eine sensible Faser zu einer sensiblen Ganglienzelle und von hier direkt zum Effektor oder — eventuell unter Benutzung einer oder mehrerer Schaltzellen — zu einem effektorischen Neuron geleitet wird. Durch dessen Neuriten gelangt sie zum Effektor, den sie zu einer bestimmten Reaktion veranlaßt.

Ein bekanntes Beispiel ist der Beinanziehreflex des Frosches: Hängt man einen Frosch, dem durch Entfernung des Gehirns die höheren Zentren ausgeschaltet sind, am Kopf auf und reizt eine Stelle der Fußhaut (z. B. mechanisch durch Kneifen), so zieht er das betreffende Bein an. Der Reflexbogen geht von den Rezeptoren der Fußhaut über die sensiblen Hautnerven zu nervösen Zentren des Rückenmarks (s. S. 49) und von dort durch die motorischen Beinnerven zur Beinmuskulatur (Effektoren). Nach Zerstörung des Rückenmarks an der betreffenden Stelle oder Durchschneidung der Nerven ist der Reflexbogen unterbrochen, der Reflex nicht mehr auslösbar.

Beim zusammengesetzten unbedingten Reflex ist der Reflexbogen gewissermaßen aufgespalten, d. h. wenige Rezeptoren stehen mit mehreren Effektoren, bzw. eine Anzahl Rezeptoren mit wenigen Effektoren in nervöser Verbindung.

Wenn ein Mensch oder ein anderes Wirbeltier im Dunkeln stolpert, werden die wenigen Rezeptoren im Oberlabyrinth (s. S. 71 u. 79) gereizt, was reflektorische Lagekorrektionsbewegungen vieler Hals-, Rumpf- und Extremitätenmuskeln bedingt. Andererseits beantworten manche niederen Tiere (namentlich sessile) die verschiedenartigsten Reize (mechanische, thermische, optische, chemische, elektrische) durch dieselbe Reaktion, etwa Zusammenziehung („reflexarme Tiere").

Die dritte Art der unbedingten Reflexe sind Kettenreflexe oder Reflexketten. Hierbei wird durch den Erfolg der Reaktion eines Reflexbogens ein anderer in Tätigkeit gesetzt.

Bei manchen Tieren wird durch die reflektorische Kontraktion eines Muskels dessen Antagonist (s. S. 19) gedehnt. Die Dehnung wirkt auf diesen als Reiz (propriozeptiver Reiz) und veranlaßt seine Kontraktion, wodurch wieder der erste gedehnt wird usw. Die Erregung fließt immer dem gedehnten Muskel zu („Dehnungsgesetz"). Bei der Lungenatmung der Wirbeltiere löst jede Inspiration reflektorisch die darauf folgende Exspiration aus und umgekehrt (s. Teil 1, S. 101).

Das Ausbleiben des Erfolges in einem Reflexbogen kann das Überspringen der Erregung auf einen anderen zur Folge haben.

Wird der hirnlose Frosch auf der rechten Rückenhälfte chemisch gereizt (etwa durch Betupfen mit Essigsäure), so wischt er mit dem rechten Fuß über die gereizte Hautstelle (einfacher, unbedingter Reflex). Wird das rechte Bein abgeschnitten oder festgehalten, so wischt er (nach einigen erfolglosen Versuchen mit dem rechten Bein oder Beinstumpf) mit dem linken Fuß über den Reizort. Bei diesem „Wischreflex" springt also die Erregung nach Unterbrechung des „normalen" Reflexbogens auf einen anderen über, der für gewöhnlich nicht in Funktion tritt. Die Erregung fließt dahin, wo sie am leichtesten verbraucht werden kann („Erregungsgesetz").

Die Beispiele für die zusammengesetzten unbedingten Reflexe und die Kettenreflexe zeigten, daß die einzelnen Reflexbögen bestimmte Beziehungen miteinander eingehen, daß sie zusammenarbeiten können. Es kann dadurch zu einer koordinierten Tätigkeit mehrerer Effektoren kommen. Es können jedoch auch komplizierte, durchaus koordiniert erscheinende Handlungen schon durch einfache, ganz unabhängig voneinander ablaufende Reflexe zustande kommen.

Dies zeigt die Freßreaktion mancher Medusen: Berührt ein Tentakel der Meduse einen Nahrungskörper, von dem starke chemische Reize ausgehen (z. B. Fischfleisch), so rollt er sich um ihn und biegt sich nach dem Magenstiel hin. Gleichzeitig bewegt sich dieser ihm entgegen, und die Stelle des Glockenrandes, an der der Tentakel sitzt, nähert sich ebenfalls dem Munde. (Abb. 20a). Schneidet man den Tentakel, den Magenstiel und die betreffende Stelle des Glockenrandes ab und befestigt die drei Teile in natürlicher gegenseitiger Lage auf einer geeigneten Unterlage, so führen sie alle drei, wenn man den Tentakel mit dem Nahrungskörper in Berührung bringt, ebenfalls die oben geschilderten Bewegungen aus (Abb. 20 b). Die einzelnen Körperteile reagieren also ganz unabhängig voneinander. In jedem von ihnen löst derselbe (chemische) Reiz selbständige Reaktionen aus, deren Summe eine verwickelte einheitliche Handlung vortäuscht. Man nennt Tiere, die nach diesem Schema reagieren, „Reflexrepubliken".

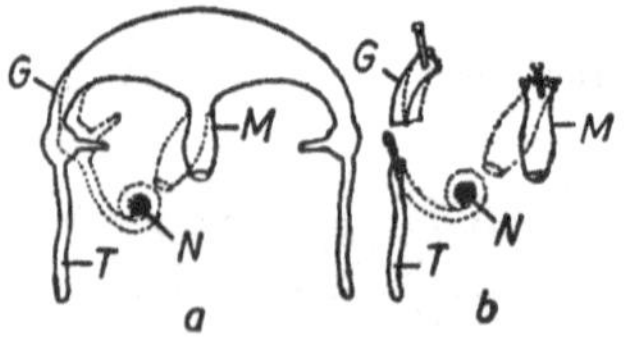

Abb. 20.
Schema der Freßreaktion einer Meduse. a: ganzes Tier, b: Teilstücke. Ausgezogen: Normalstellung, gestrichelt: Freßreaktion, G = Glockenrand, M = Magenstiel, N = Nahrungskörper, T = Tentakel,

Zum Wesen der unbedingten Reflexe gehört es, daß sie bei der gleichen Tierart unter den gleichen Bedingungen stets gleichartig verlaufen. Meist sind sie „zweckmäßig", d. h. sie bringen dem Tier unter natürlichen Verhältnissen irgendeinen Nutzen, bzw. bewahren es vor Schaden. Der unbedingte Reflex ist arteigentümlich, also erblich, und erfolgt zwangsläufig. Die Bedingungen, unter denen die Reflexe ablaufen, sind jedoch fast nie gleich; denn die äußeren und inneren Reize, die stets auf ein Tier einwirken oder auf es eingewirkt haben, bedingen, daß der Organismus sich zu jeder Zeit in einer etwas anderen Reizsituation befindet. Man nennt den jeweiligen Zustand des Tieres, der durch die Summe aller dieser Reize geschaffen wird, seinen physiologischen Zustand oder seine „Stimmung". Je nach dem physiologischen Zustand kann ein bestimmter Reiz in etwas anderer Weise wirken. Durch gewisse Reize kann z. B. eine Hemmung bestimmter Reflexbahnen bedingt werden.

Temperaturerniedrigung wirkt bei Wechselwarmen meist hemmend auf die Reflexbögen. Unterhalb gewisser Temperaturen sind die Fortpflanzungs-, Freß- und Bewegungsreflexe nur schwer oder garnicht auslösbar.

Die Reflexerregbarkeit kann jedoch auch erhöht werden, es kann Bahnung der Reflexbögen eintreten, so daß die Reflexe leichter hervorzurufen sind.

Beutefang- und Freßreflexe werden durch Hunger, also durch innere Reize, gebahnt. Die Begattungsreflexe werden durch chemische, von den Geschlechtsorganen ausgehende Reize (Geschlechtshormone, s. Teil 1, S. 124, gefördert. Die Tiere werden dadurch in Begattungsbereitschaft (Brunst) versetzt. Auch künstlich zugeführte chemische Stoffe (z. B. Strychnin) können die Reflexerregbarkeit erhöhen.

Bei den Tieren mit Zentralnervensystemen stehen die Reflexbögen direkt oder indirekt mit Anhäufungen von Ganglienzellen in Verbindung, die besondere Gruppen bilden und die man als Zentren bezeichnet. Solche Zentren können das Reflexgeschehen weitgehend beeinflussen. Da sie durch rezeptorische Bahnen mit der Peripherie in Verbindung stehen, können ihnen von den verschiedensten Sinnesorganen Erregungen zufließen. Außerdem unterliegen sie der Einwirkung von Hormonen (s. Teil 1, S. 122) und anderen Blutreizen und von Temperaturveränderungen. Diese Faktoren bedingen es, daß die Zentren sich stets in einem gewissen — nach den Umständen wechselnden — Aktivitätszustand befinden, gewissermaßen stets mit einer größeren oder kleineren Menge von „Nervenenergie" aufgeladen sind. Sie können daher dauernd an die Peripherie Erregung abgeben, die bestimmte Effektoren in Tätigkeit setzt.

So befindet sich die Skelettmuskulatur der Wirbeltiere auch in der Ruhe in einem leichten Spannungszustand, einem Tetanotonus (s. S. 16). Ein am Kopf aufgehängter, hirnloser Frosch zieht die Hinterbeine, deren Beugemuskeln leicht kontrahiert sind, etwas an. Durchschneidet man die rezeptorischen oder die effektorischen Nerven des einen Beines, so hängt dieses schlaff herab (Abb. 21). Dieser Brondgeestsche Versuch zeigt, daß Zentren im Rückenmark durch Erregungen, die ihnen durch die rezeptorischen Nerven zufließen, aktiviert werden und dauernd Impulse zu den Muskeln senden.

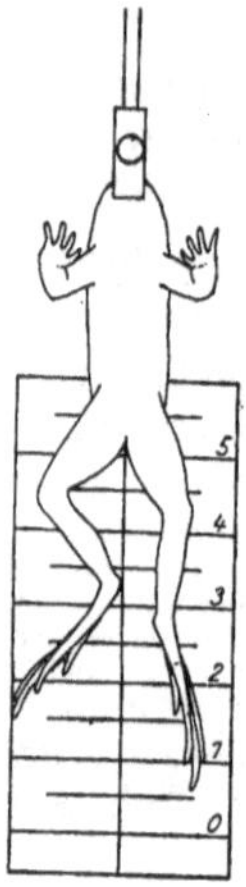

Abb. 21.

Brondgeests Versuch. (Nach Herter.) S. Text.

Es ist anzunehmen, daß alle Sinnesorgane solchen „Reflextonus" verursachen. In vielen Fällen bewirkt die Erregung der Zentren eine Erhöhung der Aktivität der ihnen zugeordneten Effektoren, wie z. B. in den Atemzentren der Wirbeltiere, deren Erregung durch Blutreize die Atembewegungen verstärkt, während ihre Ausschaltung ihr Aufhören herbeiführt (s. Teil 1, S. 101). Solche Zentren nennt man Erregungszentren. Bei manchen Zentren bewirkt die Erregung jedoch Hemmung der Reaktionen in den Effektoren. Derartige Hemmungszentren liegen in den Oberschlundganglien vieler Wirbelloser.

Schaltet man bei dem Ringelwurm *Nereis* beide Oberschlundganglien aus, so werden Bewegungsreflexe, die von Erregungszentren in den Unterschlundganglien in Gang gehalten werden, „enthemmt", und der Wurm läuft ohne Aufhören umher. Ähnliches gilt für den Freßreflex der Krabbe *Carcinus maenas*. Nach Ausschaltung der Oberschlundganglien frißt sie ungehemmt weiter, wenn ihr auch der Magen platzt.

Eine merkwürdige Hemmungserscheinung ist die sog. „tierische Hypnose“. Man versteht darunter die Erscheinung, daß viele Tiere, wenn sie in bestimmte Lagen (z. B. Rückenlage) gebracht und eine Zeitlang an der Korrektur dieser Lagen gehindert werden, lange in der aufgezwungenen Stellung in einer Art Starre verharren. Dieser Zustand kann nach der Ausschaltung des Gehirns (bei Fröschen) hervorgerufen werden, woraus hervorgeht, daß es sich um eine rein reflektorische Erscheinung ohne Mitwirkung höherer psychischer Faktoren handelt, die mit der menschlichen Hypnose nur schlecht verglichen werden kann. Wahrscheinlich erregt die Verhinderung der Lagerkorrektionsreflexe Hemmungszentren für diese Reflexe. Charakteristisch für die „tierische Hypnose“ ist, daß sie durch starke äußere Reize sofort abgebrochen wird, im Gegensatz zu den „Totstellreflexen“ (Thanatose), die bei vielen Tieren — namentlich bei Arthropoden — vorkommen. Hier tritt der Zustand der Bewegungslosigkeit (Akinese) durch starke Reize (Berührung, Erschütterung) ein, wobei die Tiere oft typische Stellungen annehmen. Erneute Reizung bewirkt Verstärkung und Verlängerung der Thanatose.

Zu den unbedingten Reflexen muß man auch die Reizreaktionen, die man als Tropismen und Taxien (s. S. 60) bezeichnet, rechnen. Es handelt sich um durch äußere Reize ausgelöste Bewegungen, die das Tier oder Teile seines Körpers in bestimmte räumliche Beziehungen zu den Reizorten und -richtungen bringen. Auch sie können durch übergeordnete Zentren und physiologische Zustände modifiziert werden.

Die unbedingten Reflexe sind also erbliche, stereotype Vorgänge, deren Zustandekommen und Verlauf vom physiologischen Zustand abhängen und die durch übergeordnete Zentren modifiziert werden können. Tiere, die nur unbedingte Reflexe ausführen, nennt man „Reflexmaschinen“.

Bei den meisten Tieren wird das Verhalten jedoch nicht nur von Reflexen, d. h. von Reaktionen auf äußere Reize, bestimmt. Teile des ZNS können ohne Anregung von außen Impulse zur Peripherie senden, die bestimmte Handlungen veranlassen. Die Fortbewegungsreaktionen bei Anneliden, Arthropoden und Wirbeltieren können durch rhythmische Impulse, die intrazentral entstehen und von den Zentren (im Bauch- bzw. Rückenmark) zu den Muskeln des Hautmuskelschlauches oder der Extremitäten geleitet werden, zustande kommen. Ein kopfloser Aal, dem die rezeptorischen Rückenmarksnerven durchschnitten sind, führt noch normale Schwimmbewegungen aus. Der Rhythmus kann durch äußere Reize und durch Änderungen in den Aktivitätszuständen der Zentren reguliert werden, ist an sich jedoch autonom. Einige Verhaltensweisen der Tiere werden also durch umweltunabhängige zentralnervöse Automatismen hervorgerufen; ähnlich wie die Tätigkeiten des Wirbeltierherzens (s. Teil I, S. 119).

Durch solche Automatismen, also erbliche, d. h. art- oder rasseeigentümliche, im ZNS entstehende Impulsfolgen, deren Auftreten und Verlauf durch innere physiologische Zustände — namentlich durch Hormone — reguliert wird, kommen höchstwahrscheinlich die Instinkthandlungen zustande. Dies sind gesetzmäßig verlaufende, oft sehr verwickelte Tätigkeitsfolgen, die meist durch äußere Reize in Gang gebracht werden. Häufig sind diese „Auslöser" bestimmte, der Nahrung, dem Feind, dem Artgenossen, dem Geschlechtspartner, den Eltern, den Jungen usw. zukommende Eigenschaften (angeborene Schemata). In anderen Fällen sind es allgemeine Situationsreize, wie Temperatur, Jahreszeit, Tageszeit usw. Wenn die auslösenden Reize fehlen, „sucht" das Tier nach ihnen (Appetenzverhalten). Instinkthandlungen können auch „spontan" zur Ausführung kommen, gewissermaßen, als ob angestaute „Nervenenergie" abreagiert werden müßte. Dadurch kann die unter natürlichen Umständen zweckmäßige Instinkthandlung „im Leerlauf" ausgeführt und dadurch sinnlos oder sogar schädlich für das Tier werden.

Bei vielen Vögeln beobachtet man lange vor der Zeit des Nestbaues das Ergreifen und Auslegen von Nistmaterial an verschiedenen Stellen des Raumes. Zur Nistzeit kommt dann erst durch sinnvolle Lenkung dieser Handlungen das Nest zustande. Die Zugvögel werden durch periodisch auftretende Hormonausschüttungen im Spätsommer oder Herbst in einen Zustand der Wanderbereitschaft versetzt, der sie zwingt, viele Tage oder Wochen hindurch mehrere Stunden (oft nachts) hintereinander zu fliegen, wodurch sie unter natürlichen Bedingungen den Gefahren des nahrungsarmen, kalten nordischen Winters entfliehen. Wenn aber manche Käfigvögel (z. B. Grasmücken), die stets bei gleicher Temperatur und Nahrung gehalten werden, zu der Zeit, wenn ihre freien Artgenossen ziehen, Nacht für Nacht in ihrem engen Gefängnis umherflattern, sich blutig schlagen und die Federn abbrechen, so wird der ursprüngliche Zweck der Instinkthandlung in sein Gegenteil verkehrt. In der Gefangenschaft geborene Vögel verhalten sich ebenso; wir haben es also mit ererbten Instinkthandlungen zu tun.

Bei Tieren mit höher entwickeltem ZNS liegen in dessen vorderen Abschnitten sog. Koordinations- und Assoziationszentren. Sie bestehen aus Ganglienzellen, deren Fasern die verschiedenen sensiblen und effektorischen Zentren in mannigfaltiger Weise miteinander verbinden. Diese Zentren erhalten aus den Sinneszentren Erregungen, die sie untereinander und mit effektorischen Zentren verknüpfen. Mit der steigenden Ausbildung der Assoziationszentren erlangen die Tiere in immer höherem Maße die Fähigkeit, Assoziationen zu bilden, d. h. zur Verknüpfung verschiedener Reize. Die nervöse Substanz hat die Eigenschaft, Spuren von Erregungen — Engramme — zurückzubehalten. Dies bewirkt in ihr eine kürzere oder längere Zeit anhaltende Veränderung, die den Erregungsablauf beeinflussen kann. Die Engramme können durch Reize, die bei ihrer Entstehung eine Rolle spielten, wieder in Erscheinung treten, ekphoriert werden. Wirkt in Verbindung mit einem Reiz (Originalreiz), der eine bestimmte Reaktion bedingt, ein anderer Reiz (repräsentativer, bedingter oder Signalreiz), der allein diese Reaktion nicht hervorruft, auf ein Tier ein, so können die beiden Reize miteinander assoziiert werden, so daß später der Signalreiz allein zur Hervorbringung der Reaktion genügt.

Wird ein Hund gefüttert, so löst dieser chemische Originalreiz als unbedingten Reflex Speichelsekretion aus (s. Teil 1, S. 73). Wird nun jedesmal gleichzeitig oder in zeitlicher Verknüpfung mit dem Futterreiz irgendein anderer Reiz (z. B. eine bestimmte Farbe oder ein bestimmter Ton) als Signalreiz geboten, so bildet sich nach mehrmaliger Wiederholung dieser Reizkombination früher oder später eine Assoziation zwischen Original- und Signalreiz und es genügt jetzt der letzte allein zur Hervorbringung des Speichelflusses.

Auf der Bildung von Engrammen beruht die Lern- oder Dressurfähigkeit, die unter den Tieren weit verbreitet ist. Nicht nur im Experiment, sondern auch in der Natur lernen die einzelnen Individuen, auf bestimmte Reize oder Situationen durch gewisse Handlungen zu reagieren, die ihnen im allgemeinen Vorteile bringen oder sie vor Schaden bewahren. Die Individuen sammeln persönliche Erfahrungen, die selbstverständlich nicht erblich sind. Das Lernen erfolgt in den meisten Fällen nach der Methode von „Versuch und Irrtum“, d. h. das Tier versucht, wenn es vor eine Aufgabe gestellt wird, die ihm zur Verfügung stehenden Handlungsweisen, bis eine von ihnen Erfolg bringt. Nach mehrmaliger Wiederholung wird dann gleich die erfolgreiche angewandt. Im Dressurexperiment pflegt man die „falschen" Lösungsversuche zu „bestrafen" und die „richtigen" zu „belohnen", bis das Tier es gelernt hat, die falschen zu meiden und die richtigen anzustreben. Lernen durch „Nachahmung" ist selten. Manche Vögel, bei denen der Artgesang nicht erblich ist, lernen ihn erst von älteren Artgenossen. Viele Vögel „spotten", d. h. sie ahmen die Lautäußerungen anderer Vögel oder auch andere Töne — wie die menschliche Sprache (Papageien, Star usw.) — nach.

Eine seltene Art des Lernens ist die „Prägung", worunter man die Eigenart einiger Nestflüchter, die von ihren Eltern geführt werden, versteht, den großen, beweglichen Körper, den sie zuerst nach dem Schlüpfen kennen lernen, als Führer anzunehmen. Von im Brutschrank geschlüpften Graugänsen kann der Pfleger als Elter „geprägt" werden. Die Tiere lassen sich dann während der ganzen Entwicklung und noch viel länger von ihm führen.

Die höchste Leistung des ZNS, die wir von Tieren kennen, ist die Einsicht. Man versteht darunter die Erfassung von Kausalzusammenhängen. Wenn ein Affe eine außer Reichweite liegende Frucht an dem an ihr befestigten Faden ohne Probieren oder vorherige Erfahrung zu sich heranzieht (primäre Aufgabenlösung), so muß er „verstanden" haben, daß die Frucht mit dem Faden zusammenhängt und daß Ziehen am Faden das erstrebte Ziel in Reichweite bringt. Er hat, bevor er handelte, „innerlich" die ihm zu Gebote stehenden Handlungsmöglichkeiten „durchprobiert" und setzt dann gleich die zum Ziele führende ein. Das einsichtige (intelligente) Handeln äußert sich bei Tieren manchmal durch echten Werkzeuggebrauch. So kann ein Affe einen Stock aufnehmen und damit eine Frucht heranziehen oder mehrere Kisten herbeiholen und aufeinander stellen, um ein hoch hängendes Ziel zu erreichen. Schimpansen können sogar zwei Rohre, von denen jedes zu kurz ist, um das Ziel heranzuholen, ineinander stecken und sich so ihr Werkzeug verbessern; sie können gewissermaßen „Erfindungen machen". Einsichtiges Verhalten ist bisher nur bei den am höchsten stehenden

Wirbeltieren — namentlich bei Affen (besonders Schimpansen) und Rabenvögeln — einwandfrei nachgewiesen.

Die komplizierten Verhaltensweisen, die man z. T. bei höheren Tieren beobachtet, setzen sich meist aus mehreren der besprochenen nervösen Leistungen zusammen, die oft in schwer analysierbarer Weise miteinander verknüpft sind. Durch „Verschränkung“ von unbedingten Reflexen, Reflexketten, Taxien, Automatismen, Instinkten, Erlerntem und einsichtigem Verhalten kommt es zu verwickelten Handlungsfolgen von mehr oder weniger großer Plastizität.

Beim Menschen treten bei vielen der nervösen Leistungen psychische Vorgänge auf, die man Bewußtsein nennt. Dies kann schon bei einfachen, unbedingten Reflexen der Fall sein, wie bei dem Patellarreflex (ein Schlag auf die Kniescheibensehne bewirkt schnelle Kontraktion des Unterschenkelstreckers), bei dem uns der Reiz und die Reaktion zum Bewußtsein kommen. Andere Reflexe, wie der Pupillenreflex (Belichtung der Netzhaut veranlaßt Pupillenverengung,

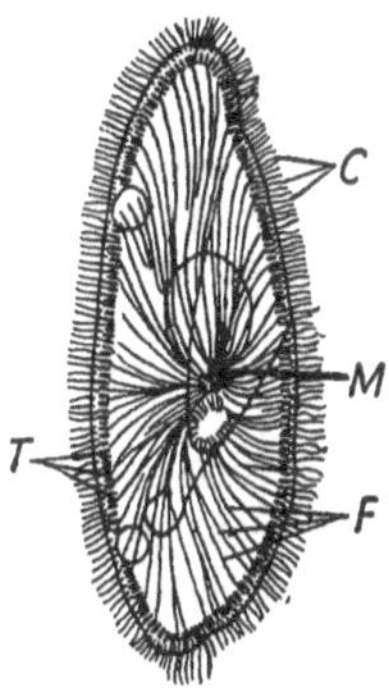

Abb. 22.

„Nervöse“ Strukturen bei *Paramaecium* (Infusor). (Nach Rees aus von Buddenbrock.) C = Cilien, F = Fasern, M = „Motorium“, T = Trichocysten.

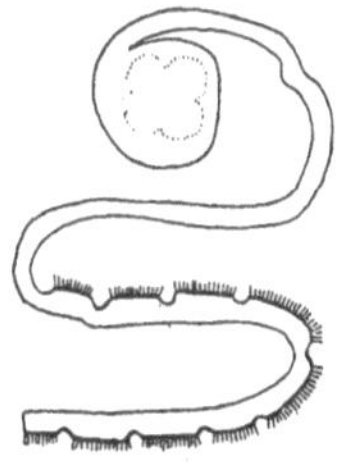

Abb. 23.

Bandförmig zugeschnittene Meduse (*Aurelia*). (Nach Romanes.)

s. S. 132) verlaufen ganz unbewußt. Da wir das Bewußtsein nur aus unseren subjektiven Empfindungen kennen, über die Empfindungen der Tiere aber nichts wissen (s. S. 56), können wir nicht entscheiden, ob es den Tieren ebenfalls zukommt. Dies ist jedoch für höhere Tiere wahrscheinlich.

b) Die Nervenphysiologie bei den verschiedenen Tiergruppen

Von einer Nervenphysiologie der Protozoen kann man eigentlich nicht sprechen, vor allem, weil die Einzeller keine Nervensysteme, die ja immer aus Zellen aufgebaut sind, haben. Bei manchen der am höchsten entwickelten Ciliaten (z. B. bei *Paramaecium)* sind faserartige Strukturen sichtbar gemacht worden, die von einem „Zentrum" („Motorium") zu den Cilien und Trichocysten ziehen (Abb. 22), und solche, die diese Organellen miteinander verbinden. Daß es sich um „nervöse" Strukturen handelt, ist jedoch sehr unwahrscheinlich. Organellen, die als Rezeptoren aufgefaßt werden könnten, sind z. T. vorhanden (s. S. 61 und 112). Ferner haben viele Einzeller Effektoren in Gestalt von Cilien, Geißeln (s. S. 8), Myoiden (s. S. 10) und Trichocysten. Den meisten Formen (z. B. Rhizopoden) fehlen jedoch derartige Differenzierungen. Die Reizbarkeit des Plasmas ist nicht unbedingt an bestimmte Strukturen gebunden. Es gibt bei Protozoen viele Vorgänge, die den nervösen Leistungen der Metazoen ähnlich sind. Viele Änderungen der energetischen Situation werden, wie bei den Vielzellern, durch entsprechende Reaktionen beantwortet. Diese Erscheinungen sind jedoch wohl von den nervösen Vorgängen bei den Metazoen wesensverschieden. Ob Protozoen Assoziationen bilden können, ist fraglich. Der Erfolg von Versuchen, bei denen sie „lernten", gegen ihre natürliche „Neigung" ein Reizfeld, in dem sie „bestraft" wurden, nach Wegfall des „Strafreizes" zu vermeiden, mag in manchen Fällen auf Sensibilisierung beruht haben. Bei Einzellern — wie auch bei anderen Tieren — kann nämlich die wiederholte Wirkung bestimmter Reize den physiologischen Zustand so verändern, daß sie auf bis dahin indifferente oder unterschwellige Reize reagieren.

Die Schwämme reagieren auf gewisse Reize (s. S. 69). Da sie kein Nervengewebe haben, müssen die Erregungen durch die Körperzellen weitergegeben werden.

Die Nervensysteme der Cölenteraten sind Netze, deren Maschen bei niederen Formen (z. B. *Hydra,* Abb. 18) ziemlich gleich groß sind, während bei anderen die Ganglienzellen ungleichmäßig verteilt sein können. Sie verdichten sich bei Medusen zu einem Nervenring am Glockenrande. Die Erregungsleitung erfolgt im allgemeinen langsam mit starkem Dekrement. Das Nervennetz ermöglicht eine weitgehende Zerschneidung der Tiere, ohne daß die Erregungsleitung aufhört. Man kann aus einer Meduse ein bandartiges Gebilde (Abb. 23) zurechtschneiden, in dem die Erregung noch von einem Ende zum anderen fließt. Der Rhythmus der Schirmkontraktionen bei der Schwimmbewegung der Medusen (s. S. 20) wird durch Impulse reguliert, die von den Randkörpern Statocysten [s. S. 79]), Augenflecken [s. S. 113]) ausgehen. Über das Verhalten von Cölenteraten als „Reflexrepubliken" wurde schon berichtet (s. S. 32). Einige Aktinien der Gezeitenzone breiten bei Flut die Tentakel aus und ziehen sie bei Ebbe ein. Sie sollen diesen regelmäßigen Rhythmus auch in Aquarien bei gleichbleibendem Wasserstand eine Zeitlang beibehalten.

Bei den niederen Würmern besteht das Nervensystem (Abb. 24) aus Längssträngen, die durch Querverbindungen (Kommissuren) verbunden sind und von denen periphere Nerven ausstrahlen. Das Ganze ist ziemlich netzartig. Die Längsstämme sind sog. Markstränge, d. h. sie enthalten außer Leitungsbahnen noch Ganglienzellen. Am Vorderende haben sie meist Verdickungen, „Cerebralganglien". Physiologisch sind die einzelnen Teile oft etwa gleichwertig. Die Teilstücke einer Planarie bewegen sich noch koordiniert, drehen sich aus der Rückenlage um usw. Bei einigen Polycladen funktionieren jedoch die Cerebralganglien schon als übergeordnete Lokomotionszentren, deren Zerstörung die geordnete Fortbewegung verhindert. Die Nemertinen verhalten sich nervenphysiologisch ähnlich wie die Polycladen.

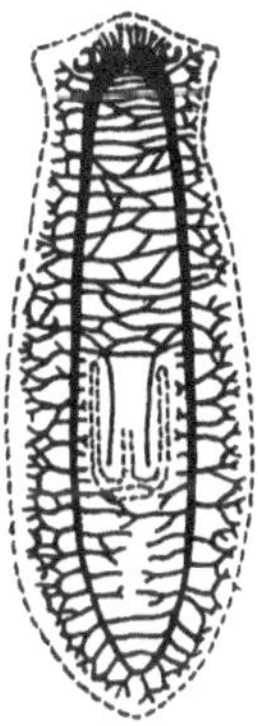

Abb. 24.
Nervensystem der Bauchseite eines Strudelwurmes *(Planaria gonocephala)*. (Nach Bütschli.)

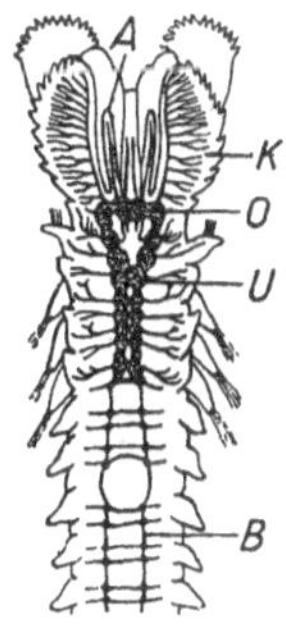

Abb. 25.
Nervensystem des sedentären Polychäten *Sabella alveolata* von der Ventral-seite. (Nach Meyer aus Bütschli.) A = Antenne, B = Bauchmark, K = Kieme, O = Oberschlundganglion, U = Unterschlundganglion.

Eine scharfe Trennung zwischen zentralem und peripherem Nervensystem ist bei den Anneliden durchgeführt. Das ZNS besteht aus dem paarigen, über dem Vorderdarm gelegenen Oberschlundganglion, das durch Schlundkonnektive mit den Unterschlundganglien verbunden ist, Längsstränge verbinden diese mit dem ersten Paar von Bauchganglien. Bauchganglien, die miteinander durch Kommissuren und Konnektive in Verbindung stehen und von denen periphere Nerven ausstrahlen, liegen in jedem Segment und bilden zusammen das strickleiterförmige Bauchmark (Abb. 25). Beim Regenwurm gehen von den Bauchganglien jeder Seite motorische Fasern zu der rechten und linken Körpermuskulatur (Abb. 26). Dagegen laufen die sensiblen Fasern von der Peripherie nur nach dem gleichseitigen Ganglion. Durch das ganze Bauchmark ziehen sich drei lange Nervenfasern (Kolossalfasern oder Neurochorde), die segmentale Seitenzweige abgeben. Bei manchen Polychaeten (z. B. *Nereis*) liegen an den Oberschlundganglien Assoziationszentren — die gestielten oder pilzförmigen Körper (Corpora pedunculata) —, in denen Bahnen aus dem Bauchmark und von den Kopfsinnesorganen (Antennen, Palpen, Augen) zusammenlaufen. Auf leichte Reizung eines Segmentes reagiert ein Regenwurm durch Anschwellung dieses Segmentes (unisegmentaler Reflexbogen), bei stärkerer Reizung greift die Schwellung auf benachbarte Segmente über (intersegmentaler Reflexbogen) und bei noch stärkerer reagiert der Wurm als Ganzes durch schnelle Kontraktionen und Krümmungen. Bei diesem „Zuckreflex" wird die Erregung durch die Kolossalfasern geleitet, und zwar in der mittleren Faser von vorn nach hinten, in den beiden seitlichen von hinten nach vorn. Die Kriechbewegung des Regenwurms erfolgt durch von vorn nach hinten verlaufende

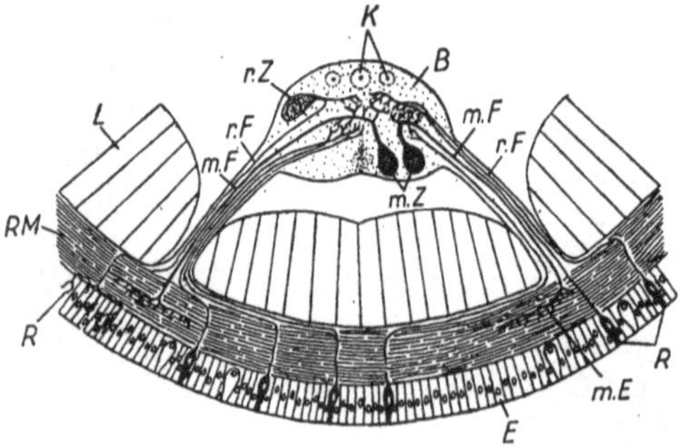

Abb. 26.

Schematischer Querschnitt durch die Ventralregion eines Regenwurms. (Nach K ü h n.) B = Bauchganglion, E = Epidermis, K = Kolossalfasern, L = Längsmuskeln, mE = motorische Nervenendigung, mF = motorische Nervenfasern, mZ = motorische Nervenzellen, R = Rezeptoren, rF = rezeptorische Nervenfasern, RM = Ringmukeln, rz = rezeptorische Nervenzelle.

Kontraktionswellen, wobei die nach hinten gerichteten Borsten das Zurückgleiten verhindern. Beim Rückwärtskriechen werden sie nach vorn umgestellt. Die Kontraktionen der Peristaltik (abwechselnde Zusammenziehung der Längs- und Ringmuskeln) werden hauptsächlich wohl durch zentralnervöse Automatismen (s. S. 35—36) bewirkt: andererseits jedoch auch durch Kettenreflexe (s. S. 31), indem durch die Kontraktion der Längsmuskeln in einem Segment auf das folgende ein mechanischer Zug ausgeübt wird, der dessen Muskeln zur Kontraktion anregt. Daher führt ein Wurm, dem der Hautmuskelschlauch unter Schonung des Bauchmarks zerschnitten ist, oder einer, der ganz durchtrennt und dessen Teile durch Fäden miteinander verbunden sind, noch koordinierte peristaltische Bewegungen aus. Beim Blutegel *(Hirudo)* scheint die Gehbewegung mit Einzelschritten (s. S. 20) durch Impulse reguliert zu werden, die vom Unterschlundganglion und vom Analganglion (dem letzten Ganglion des Bauchmarks) ausgehen und die abwechselnde Anheftung und Ablösung der Saugnäpfe und entsprechende Kontraktion oder Erschlaffung der Längs- und Ringmuskeln bewirken. Wohl bei allen Anneliden ist das Oberschlundganglion Hemmungszentrum (s. S. 34). Ein Blutegel ohne Oberschlundganglion schwimmt viel häufiger und länger als ein normaler. Das Schwimmen wird durch Impulse aus dem Bauchmark hervorgerufen. Im normalen Wurm wird es durch das Oberschlundganglion unterdrückt und diese Hemmung z. T. vom Analganglion aus aufgehoben, wie daraus hervorgeht, daß ein Tier ohne Analganglion nicht schwimmt, nach Ausschaltung des Oberschlundganglions es jedoch in gesteigertem Maße tut. Die Anneliden sind schon imstande, zu lernen, wie Dressurversuche an Regenwürmern zeigen. Wird ein Wurm, der in einem T-Rohr kriecht, jedesmal, wenn er in einen Schenkel einbiegt, elektrisch gereizt, so lernt er es nach vielen (etwa 100) Versuchen, diesen Schenkel zu vermeiden und nur noch oder vorwiegend den anderen zu benutzen. Bemerkenswert ist, daß diese Assoziation bestehen bleibt bzw. neu gebildet werden kann, wenn die Oberschlundganglien entfernt sind, ja selbst, wenn die fünf vordersten Segmente fehlen. Der Regenwurm hat gewissermaßen ein „segmentales Gedächtnis".

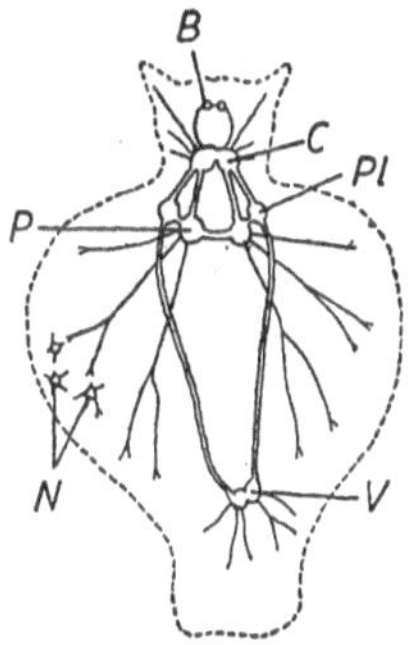

Abb. 27.

Schema des Nervensystems einer Schnecke *(Aplysia)*. (Nach F r ö h l i c h aus v o n B u d d e n b r o c k.) B = Buccalganglion, C = Cerebralganglion, N = peripheres Nervennetz, P = Pedalganglion, Pl = Pleuralganglion, V = Visceralganglion.

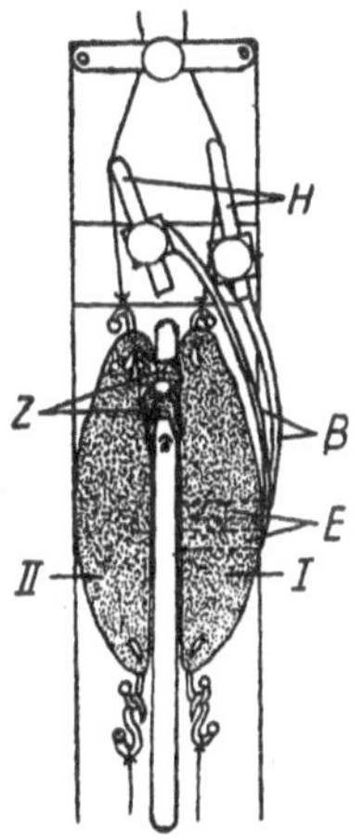

Abb. 28.

Schema des „Halbtierversuches". (Nach H e r t e r.) I = gereizte, II = ungereizte Hälfte des Schneckenfußes. B = Bleistäbe zur Verbindung der unter I liegenden Stanniolelektroden (E) mit den Elektrodenhaltern (H), Z = ZNS.

Unter den M o l l u s k e n haben die Chitonen ein Nervensystem, das — ähnlich wie bei den niederen Würmern — aus Marksträngen besteht. Die höher entwickelten Gruppen haben im allgemeinen drei Hauptganglienpaare, das Cerebral-, Pedal- und Visceralganglion, die durch Kommissuren und Konnektive verbunden sind. Außerdem können noch andere Ganglien, wie Pleural- und Buccalganglien, sowie periphere Nervennetze vorkommen (Abb. 27). Bei manchen Gastropoden ist das periphere Nervennetz strickleiterartig ausgebildet, was eine große Selbständigkeit der einzelnen Körperpartien bedingt. Stücke von *Limax* können noch selbständig kriechen. Bei den meisten Schnecken werden die Bewegungen von den Cerebral- und Pedalganglien beherrscht. Besonders aufschlußreich zur Erforschung dieser Verhältnisse sind Versuche an „Halbtieren" on *Helix pomatia*, d. h. an einem Schneckenfuß, dessen Muskulatur durch einen medialen Längsschnitt unter Schonung des ZNS in zwei Hälften geteilt ist, von denen eine elektrisch gereizt werden kann (Abb. 28). Die Reizung verursacht Kontraktion beider Hälften, wobei die direkt gereizte sich stärker kontrahiert als die andere, zu der die Erregung auf den Nervenbahnen über die Ganglien fließt. Wenn man nacheinander die Nervenbahnen und die einzelnen Ganglienteile zerstört, so verändert sich das Verhältnis der Kontraktionsgrößen der beiden Fußhälften in gesetzmäßiger Weise. Es läßt sich feststellen, daß im ZNS von *Helix pomatia* drei Arten von nervösen Leitungsbahnen verlaufen: 1. Erregungsbahnen, die durch periphere Reize erzeugte Erregungen

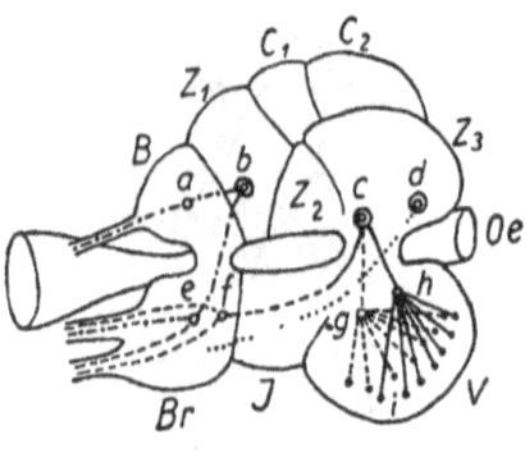

Abb. 29.

Schema der Gehirnmasse eines Cephalopoden mit den wichtigsten Zentren. (Nach von Uexküll aus von Buddenbrock.) B = Buccalganglion, Br = Brachialganglion, C^1 und C^2 = Cerebralganglien, I = Infundibularganglion, Oe = Ösophagus, V = Visceralganglion, Z_{1-3} = Zentralganglien. Funktionen der Zentren: a: Zubeißen der Kiefer, b: Fressen, c: Fortschwimmen, d: Kriechen u. Klettern, e: Festsaugen, f: Loslassen der Saugnäpfe, g u. h: Ein- u. Ausatmung, i: lokale Muskelkontraktionen.

zu den motorischen Zentren leiten. 2. Aktivitätserhöhungsbahnen, die erregungssteigernde Faktoren von der Peripherie oder von Teilen des ZNS zu den motorischen Zentren führen. 3. Aktivitätsverminderungsbahnen, die erregungssteigernde Faktoren von den motorischen Zentren weg zu anderen Stellen im ZNS leiten, wo sie „vernichtet" werden. Ferner zeigt der Halbtierversuch noch folgendes: Belastet man die eine Hälfte hoch, so dehnt sie sich stark und kommt nach einiger Zeit in „Zentraltonus" (s. S. 19), d. h. durch Impulse vom Pedalganglion wird die Viskosität in den plastischen Teilen des Fußmuskels — und dadurch der Tonus — erhöht, so daß der Fuß sich nur ganz langsam oder gar nicht weiterdehnt. Belastet man jetzt die andere Hälfte, so daß sie sich stark dehnt, so verlängert sich auch die erste. Man kann dies so deuten, daß die zweite Hälfte bei ihrer Belastung Tonus „benötigt", um der passiven Dehnung Widerstand leisten zu können. Er wird ihr aus den Pedalganglien zugeleitet, die dadurch an Tonus verlieren, den sie der ersten Hälfte entziehen. Deren Tonus wird dadurch so vermindert, daß der Muskel die Last nicht mehr tragen kann und gedehnt wird. Im Cerebralganglion liegen bei einigen Formen (z. B. *Aplysia)* Hemmungszentren. Manche Schnecken *(Ampullaria)* lassen sich — ähnlich wie Regenwürmer — dressieren und Patellen kehren immer wieder an ihre „Wohnorte" zurück, müssen also ein „Ortsgedächtnis" haben. Die meisten Lamellibranchiaten sind „reflexarme" Tiere (s. S. 31), die mannigfaltige Reize durch Zurückziehen des Fußes und Schalenschluß beantworten. Da an den die Ganglien miteinander verbindenden Nerven vielfach Anhäufungen von Nervenzellen vorkommen, sind die einzelnen Teile der Muschelkörper relativ selbständig. Die komplizierteren Bewegungen, zu denen manche Arten fähig sind, wie Eingraben, Spinnen (*Mytilus*), Schwimmen (*Pecten*), Putzbewegungen (*Pecten*) usw., werden vom Cerebralganglion aus geleitet. Bei den Cephalopoden sind die Hauptganglien zu einer den Schlund umgebenden Gehirnmasse konzentriert, in der Zentren für die verschiedenen Reflexe liegen (Abb. 29). Außerdem sind noch besondere Mantel- (Stellar-), und Kiemenganglien

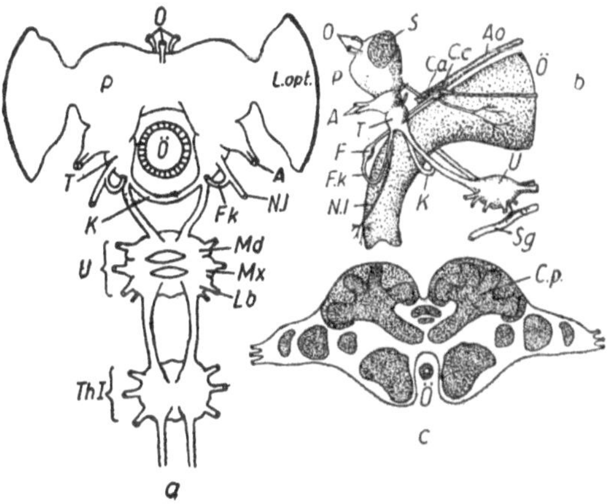

Abb. 30.

Schemata des Insektengehirns, a: Ventralansicht, b: Seitenansicht. (Nach Eidmann.) c: Schnitt durch das Gehirn einer Ameisenarbeiterin, *Camponotus ligniperdus*). Nach Pietschker aus Claus-Grobben-Kühn.) A = Antennennerven, Ao = Aorta, C. a. = Corpora allata, C. c. = Corpora cardiaca, C. p. = Corpora pedunculata, F = Frontalganglion, F. k. = Frontalkonnektiv, K = Konnektiv zwischen rechtem und linkem Tritocerebum, L. b. = Labialganglion, L.opt. = Lobus opticus, Md = Mandibularganglion, Mx = Maxillarganglion, N.l. = Nervus labralis, O = Ocellenstiele, Ö = Ösophagus, P = Protocerebrum, S = durchschnittener Sehstiel, Sg = Speichelgang, T = Tritocerebrum, Th l. = Thoracalganglion, U = Unterschlundganglion.

vorhanden. In den Armen verlaufen starke Nervenstränge mit Zellanhäufungen, durch die Reflexbögen der Saugnäpfe gehen. Dies befähigt die abgetrennten Arme zu selbständigen Handlungen, z. B. zum Ergreifen von Beute oder sogar zur Übertragung des Spermas in das Weibchen (Hectocotylus). In den Zentralganglien scheinen Koordinationszentren und in den Cerebralganglien Assoziationszentren zu liegen. Die Tintenschnecken sind die reizphysiologisch und psychisch am höchsten stehender Mollusken. Lernvermögen ist mehrfach bei ihnen nachgewiesen worden.

Das Nervensystem der Arthropoden ist von dem der Anneliden abzuleiten, jedoch viel weiter differenziert. Das Oberschlund-

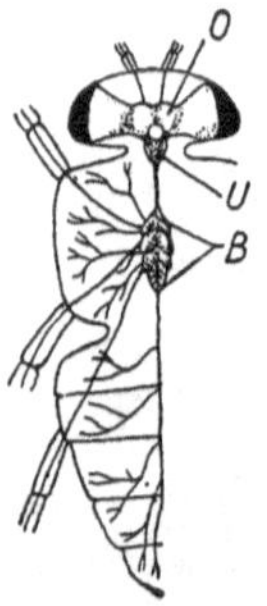

Abb. 31.

Nervensystem einer Fleischfliege (*Sarcophaga*). (Nach Eidmann.) B = verschmolzene Bauchganglienkette, O = Oberschlundganglion, U = Unterschlundganglion.

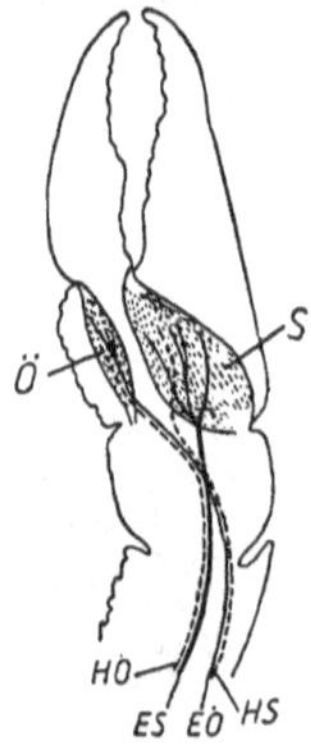

Abb. 32.

Innervierungsschema der Schere des Flußkrebses (*Potamobius fluviatilis*). (Nach Jordan und Tonner kombiniert.) EÖ = Erreger des Öffners, ES = Erreger des Schließers, HÖ = Hemmer des Öffners, HS = Hemmer des Schließers, Ö = Öffner, S = Schließer.

ganglion oder Gehirn weist verschiedene Stufen der Ausbildung auf. Bei den am höchsten entwickelten Insekten gliedert es sich in drei Hauptabschnitte (Abb. 30). Das Protocerebrum mit den Sehlappen (Lobi optici), die die Sehzentren enthalten, und auf dem die Ocellenstiele für die Punktaugen sitzen, enthält mehrere Assoziationszentren, von denen die pilzförmigen Körper (Corpora pedunculata) die größten und wichtigsten sind (Abb. 30 c). In ihnen laufen Fasern aus fast allen Teilen des ZNS zusammen. Sie stellen übergeordnete Zentren für alle höheren Leistungen der Insekten dar. Am mächtigsten entwickelt sind sie bei den Hymenopteren, namentlich bei den „psychisch“ am höchsten stehenden Arbeiterinnen der sozialen Formen. Der zweite Hirnabschnitt, das Deutocerebrum, besteht im wesentlichen aus den Riechlappen (Lobi olfactorii), aus denen die Antennennerven entspringen. Von dem dritten Hirnteil, dem Tritocerebrum, zieht der Labralnerv zur Oberlippe und das Frontalkonnektiv zu dem Frontalganglion des stomogastrischen Nervensystems, das den Darm und die Geschlechtsorgane innerviert. Das Tritocerebrum der einen Seite ist mit dem der anderen durch eine unter dem Ösophagus hindurchgehende Kommissur verbunden. Das Unterschlundganglion ist aus den Mandibular-, Maxillar- und Labialganglien zusammengesetzt, die die entsprechenden Mundteile (s. Teil I, S. 61) nervös versorgen. In der Nähe des Gehirns und mit ihm nervös verbunden liegen an der Aorta die Corpora allata und cardiaca (Abb. 30). Es sind inkretorische Drüsen, die z. T. Häutungs- und Verpuppungshormone produzieren. Das Bauchmark ist bei vielen Krebsen, Myriapoden, Insektenlarven und primitiven Insekten als Strickleiternervensystem ausgebildet. Bei zahlreichen Formen — z. B. Brachyuren, Spinnen, vielen Insekten (Abb. 31) — sind die einzelnen Ganglienpaare zu mehr oder weniger kompakten Massen verschmolzen. Das periphere Nervensystem ist durch das Vorkommen aus-

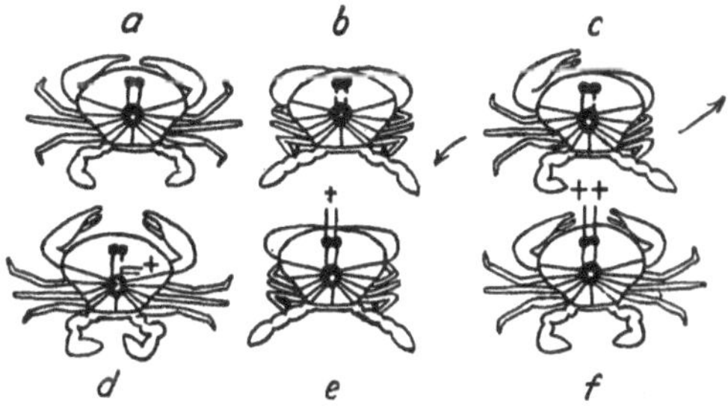

Abb. 33.
Schema der Gliedmaßenstellung der Schwimmkrabbe *Portunus holsatus* unter verschiedenen Bedingungen. (Nach Herter.) a: normale Ruhestellung, b: nach Durchschneidung beider Schlundkonnektive, c: nach Durchschneidung des rechten Schlundkonnektivs, d: Reizung des rechten durchschnittenen Konnektivs mit schwachem Strom, e: Reizung der Oberschlundganglien mit schwachem Strom, f: Reizung der Oberschlundganglien mit stärkerem Strom.

gedehnter Nervennetze mit eingestreuten Ganglienzellen (namentlich in den Intersegmentalhäuten) ausgezeichnet. Ferner ist bemerkenswert, daß die Muskeln durch einen dicken erregenden und einen dünnen hemmenden Nerv versorgt werden (Abb. 32). Die peripheren Nervennetze bedingen, daß bei manchen Arthropoden abgetrennte Gliedmaßen noch beweglich sein können (z. B. bei Opilioniden) und ihren Muskeltonus behalten. Reizt man eine isolierte Krebsschere mit schwachen elektrischen Strömen, so öffnet sie sich, d. h. der Erreger des Öffners und der Hemmer des Schließers wird erregt. Bei Reizung mit starken Strömen wird der Erreger des Schließers und der Hemmmer des Öffners erregt, es erfolgt Scherenschluß. Die Gangbeine der Arthropoden verhalten sich gleichsinnig, wobei dem Scherenschluß Beugung, der Öffnung Streckung entspricht. Durch die Doppelnerven mit verschiedenen Reizschwellen und die Einflüsse der Nervenplexus sind die nervenphysiologischen Verhältnisse in den Arthropodenextremitäten sehr kompliziert. Die Nerven der Krebsschere scheinen z. T. dem Alles- oder Nichts-Gesetz zu gehorchen

Die zahlreichen Reflexe, deren Bögen sich meist über mehrere Segmente erstrecken, gehen nicht durch die Oberschlundganglien, werden jedoch von ihnen reguliert, und zwar teils erregend, teils hemmend

(s. Freßreflex von *Carcinus*, S. 34). Meist liegt ein primäres Reflexzentrum im Bauchmark, ein Hemmungszentrum in einem hinteren Hirnteil und davor ein regulatorisches Zentrum, das die Hemmung situationsgemäß aufheben kann. Bei decapoden Krebsen bewirkt Reizung des Bauchmarks dasselbe wie direkte Reizung der Beine, d. h. schwache Reizung Streckung, starke Beugung. Durchschneidung der Schlundkonnektive verursacht Beugung der Gangbeine (Abb. 33 b), einseitig nur auf der geschädigten Seite und Kreisgang (c). Durch schwache elektrische Reizung des Konnektivstumpfes kann die Beugung ausgeglichen werden (d), so daß die Krebse wieder normal gehen. Man kann also durch den elektrischen Reiz gewissermaßen die Impulse aus dem Gehirn ersetzen. Schwache Reizung des Gehirns am intakten Tier hat Beugung (e), stärkere Streckung (f) zur Folge, also das entgegengesetzte Verhalten wie periphere oder Bauchmarkreizung. Der Aktivitätszustand des Gehirns bestimmt demnach im normalen Krebs den Aktivitätszustand der Zentren im Bauchmark. Bemerkenswert ist, daß bei der Schwimmkrabbe *Portunus* die Schwimmbeine sich im wesentlichen gerade umgekehrt verhalten wie die Gangbeine (Abb. 33). Die Ortsbewegungsreaktionen werden bei den Arthropoden in ähnlicher Weise wie bei den Anneliden (s. S. 42) durch autonome Impulswellen im Bauchmark, die vom Gehirn und durch periphere Reize modifiziert werden können, verursacht. Nach Verlust der Unterschlundganglien verschwinden vielfach die Reflexe für Ortsbewegung, Umdrehen, Verteidigung, Nahrungsaufnahme usw. Es müssen in ihnen viele wichtige Zentren liegen. Die Beinbewegungen beim Gang erfolgen in der Regel nach einem bestimmten Rhythmus; z. B. wird bei den sechsbeinigen Insekten das 1. und 3. Bein einer Seite und das 2. der Gegenseite gleichzeitig bewegt. Nach Verlust einiger Beine ändert sich der Rhythmus jedoch so, daß stets benachbarte Beine einer Seite abwechselnd, und über Kreuz gelegene gleichzeitig arbeiten. Die Thoraxganglien, die diese Reaktionen beherrschen, sind also zu einer „plastischen Anpassung" an die Umstände fähig. Weit verbreitet ist bei den Arthropoden die „tierische Hypnose" und die „Thanatose" (s. S. 35), die häufig mit Katalepsie (Unempfindlichkeit gegen Reize, herabgesetzter Muskeltonus, wächserne Biegsamkeit [Flexibilitas cerea] der Glieder) verbunden ist. Vielfach nehmen die Tiere dabei Stellungen ein, durch die sie sich optisch der Umgebung anpassen. Weit verbreitet sind Autotomiereflexe, d. h. das Abwerfen von Gliedmaßen an präformierten Stellen durch reflektorische Kontraktion bestimmter Muskeln auf starke Reize hin. Die Arthropoden — besonders die Insekten — sind typische Instinkttiere. Die komplizierten Handlungen (Nestbau, Brutpflege, Orientierung usw.), die wir bei ihnen beobachten, verlaufen daher im allgemeinen mehr oder weniger starr. Manche Grabwespen pflegen, wenn sie mit ihrer Beute zu ihrem Erdnest kommen, diese vor dem Eingang niederzulegen, in das Nest zu schlüpfen, nach kurzer Zeit wieder hervorzukommen und dann erst die Beute in den Bau zu ziehen. Legt man die Beute, während die Wespe im Nest ist, ein

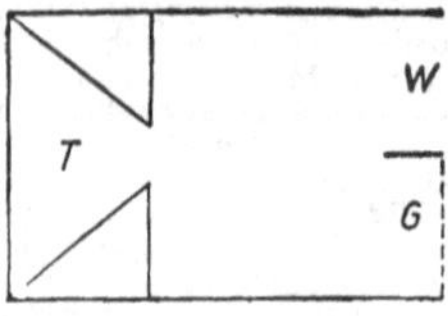

Abb. 34.

Dressuranordnung für Krebse. (Nach Yerkes aus Jennings.) G = Glasscheibe, T = Abteilung zum Einsetzen der Krebse, W = Wasser.

kleines Stück vom Eingang entfernt hin, so findet die wieder herausgekommene Wespe sie bald und schleppt sie zum Eingang zurück, jedoch nicht in diesen hinein; vielmehr läßt sie sie zunächst liegen und schlüpft wieder allein in den Bau. Wird die Beute nun wieder entfernt, so erfolgt das gleich usw. Der Reiz, der durch das Heranbringen der Beute gesetzt wird, löst also automatisch die Reaktionsfolge: Beute hinlegen — ins Nest kriechen aus, wenn die Handlungen auch sinnlos geworden sind. Andererseits zeigen viele Arthropoden ein Lernvermögen. Manche Krebse *(Carcinus, Cambarus)* lassen sich darauf dressieren, aus einem Kasten durch eine bestimmte Öffnung ins Wasser zu gelangen. Die eine Schmalseite des Kastens (Abb. 34) war zur Hälfte durch eine Glasscheibe verschlossen, während die andere, offene Seite ins Wasser führte. Die Krebse wurden bei T in eine kleine Abteilung des Kastens gesetzt. Zunächst liefen bei 50% der Versuche die Tiere direkt durch die Öffnung W ins Wasser, während sie bei 50% in die Sackgasse bei der Glasscheibe G gerieten. Mit zunehmender Versuchszahl verschob sich das Verhältnis immer mehr zugunsten der offenen Seite, so daß nach 60 Versuchen 90% der Krebse direkt zum Wasser liefen. Mannigfaltige Dressurversuche sind mit Insekten gemacht worden, von denen einige Beispiele noch besprochen werden (s. S. 102/03, 107, 132, 138).

Die Echinodermen besitzen, außer peripheren Nervenplexus, drei Zentralnervensysteme, die jedoch physiologisch bisher noch nicht zu trennen sind. Im wesentlichen bestehen sie aus einem den Mund umgebenden Ringnervenstrang und fünf Radialnerven. Viele Reflexe, wie die Reaktionen der Stacheln und Pedicellarien, verlaufen nur in den Nervennetzen. Bei dem „Gang auf den Stacheln" der Seeigel wirkt das ZNS regulierend mit und bewirkt die Koordination. Die Kriechbewegung mittels der Ambulakralfüßchen wird vom ZNS beherrscht. Ein normaler Seestern kriecht meist mit einem Arm (Leitarm) voran. Wird der Ringnerv an zwei Stellen durchschnitten, so ist die Koordination gestört und die Arme können in entgegengesetzten Richtungen auseinanderstreben. Die Bewegungsrichtungen der einzelnen Arme werden durch die Erregungen, die ihnen von beiden Seiten des Ringes zufließen, bestimmt. Einzelne Arme der Seesterne verhalten sich wie ganze Tiere, sie kriechen koordiniert, drehen sich aus der Rückenlage um usw., so daß die Seesterne in weitem Maße dem Typ der „Reflexrepublik" (s. S. 32) entsprechen. Erstarrungs- und Autotomiereflexe kommen bei vielen Stachelhäutern vor. Manche Seewalzen (z. B. *Synapta)* reagieren auf starke Reize mit aktiver Durchschnürung des ganzen Körpers. Die Cutismuskulatur der Holothurien zeigt besonders ausgeprägt den plastischen Tonus (s. S. 17).

Bei den Tunikaten ist im Zusammenhang mit der sessilen Lebensweise das ZNS. zu einem dorsalen Ganglion reduziert. Außerdem kommen Nervennetze vor. Die festsitzenden Ascidien sind reflexarme Tiere, die die meisten Reize durch Kontraktion beantworten. Von den übrigen Formen ist nervenphysiologisch wenig bekannt.

Branchiostoma zeigt anatomisch ähnliche Verhältnisse wie die Wirbeltiere, indem das ZNS aus einem dorsalen Neuralrohr mit vorderer Anschwellung besteht, von dem in jedem Segment ein dorsales und ein ventrales Nervenpaar ausgeht. Physiologisch ähnelt das Lanzettfischchen insofern den Anneliden, als jedes Metamer ziemlich selbständig reagiert. Das Vorderende ist reizbarer als der übrige Körper.

Die Wirbeltiere sind durch starke Konzentration der nervösen Zentren, sowie große Abhängigkeit aller Teile vom ZNS ausgezeichnet. Es gibt bei ihnen drei Zentrensysteme: das Rückenmark, das Gehirn und den Grenzstrang des Sympathicus. An dem im Wirbelkanal gelegenen Rückenmark (Abb. 35) unterscheidet man eine innere um den

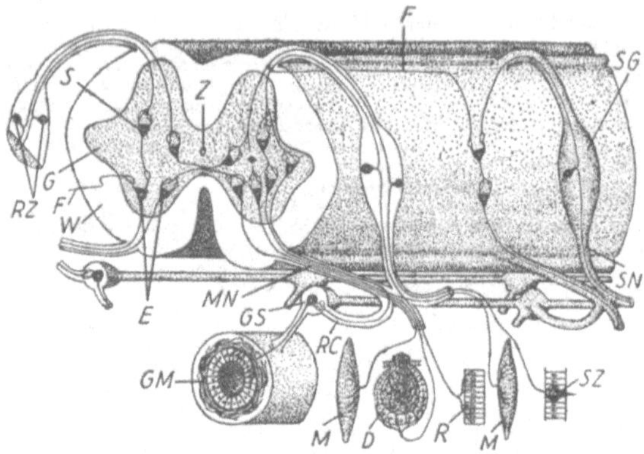

Abb. 35.
Schema des Rückenmarks. D = Drüse, E = effektorische Zellen, F = Fasern, die verschiedene Segmente verbinden, G = graue Substanz, GM = glatte Muskeln des Darmes, GS = sympathisches Ganglion, M = Muskeln, MN = motorischer Nerv, R = rezeptorische Nervenendigung in einem Epithel, Rc = Ramus communicans, RZ = rezeptorische Zellen, S = Schaltzelle, SG = Spinalganglion, SN = sensibler Nerv, SZ = Sinneszelle, W = weiße Substanz, Z = Zentralkanal.

Zentralkanal gelegene graue Substanz („Schmetterlingsfigur" des Querschnitts), die die Körper der Neuronen enthält, und die äußere weiße Substanz, die aus Fasern besteht, durch die die einzelnen Markteile unter sich und mit dem Gehirn verbunden werden. In den ventralen Säulen („Hörnern") der grauen Substanz liegen effektorische Ganglienzellen, deren Fasern in ventralen, segmental angeordneten effektorischen Nerven vereinigt, zu den Effektoren (Muskeln, Drüsen) ziehen. Die von den Rezeptoren der Peripherie kommenden sensiblen Fasern treten nicht direkt in das Rückenmark ein, sondern ziehen zu segmentalen Zentren, den außerhalb des Marks gelegenen Spinalganglien, von deren Neuronen Fortsätze in die dorsalen Säulen der grauen Substanz eintreten. Im Innern dieser Substanz liegen viele Schaltstellen,die die mannigfaltigen Reflexbögen miteinander verbinden. Die sensiblen und motorischen Erregungen laufen also auf verschiedenen Bahnen zum und vom Rückenmark, was sich leicht zeigen läßt, wenn man einem Frosch die rechten vorderen und die linken hinteren Wurzeln der Beinnerven durchschneidet. Das rechte Bein ist dann unbeweglich, aber reizbar, während das linke beweglich jedoch nicht reizbar ist (B e l l sches Gesetz). Durch das Rückenmark gehen hauptsächlich die Reflexbögen für Abwehrreflexe (z. B. Wischreflex des Frosches, s. S. 31) und Ortsbewegungsreflexe. Die meisten Wirbeltiere können auch ohne Gehirn noch laufen, schwimmen oder springen; z. B. laufen geköpfte Hühner noch kurze Zeit umher. Bei den höheren Säugern ist dies nicht möglich, weil hier diese Reflexe unter Kontrolle der Sinnesorgane (besonders der Augen) stehen und

Atmung und Herzschlag, deren Aufhören zum schnellen Tode führt, vom Gehirn aus in Betrieb gehalten werden. Die Rückenmarksreflexe werden hauptsächlich von der Haut oder den sensiblen Fasern in den Muskeln und Sehnen ausgelöst. Auch der Muskeltonus wird durch Hauterregungen, die durch das Rückenmark verlaufen (s. S. 33/34), beherrscht. Die Rückenmarksreflexe werden von übergeordneten Zentren reguliert, und zwar in der Hauptsache gehemmt. Bei manchen Tieren — z. B. beim Opossum — tritt nach Entfernung gewisser Hirnteile ruhelose Bewegung auf. Viele Rückenmarksreflexe verlaufen „unisegmental"; jedoch beeinflussen sich die verschiedenen Teile gegenseitig, so daß das Rückenmark vielfach „als Ganzes" wirkt. Außerdem können manche Reaktionen — wie etwa die Ortsbewegungen der Fische — durch intrazentrale Impulse, die das Rückenmark durchlaufen, („Automatismen", s. S. 36), beherrscht werden. Die Verbindungen der Rückenmarksteile unter sich und mit dem Gehirn

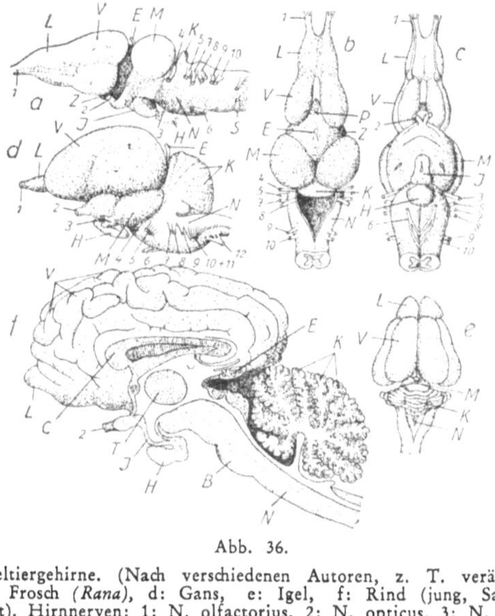

Abb. 36.

Wirbeltiergehirne. (Nach verschiedenen Autoren, z. T. verändert.) a—c: Frosch *(Rana)*, d: Gans, e: Igel, f: Rind (jung, Sagittalschnitt). Hirnnerven: 1: N. olfactorius, 2: N. opticus, 3: N. oculomotorius, 4: N. trochlearis, 5: N. trigeminus, 6: N. abducens, 7: N. facialis, 8: N. stato-acusticus, 9: N. glossopharyngeus, 10: N. vagus, 11: N. accessorius, 12: N. hypoglossus. — B = Brücke (Pons) des Hinterhirns, C = Corpus callosum (Balken) des Vorderhirns, E = Epiphyse, H = Hypophyse, I = Infundibulum, K= Kleinhirn (Hinterhirn), L = Lobus (Bulbus) olfactorius, M = Mittelhirn, N = Nachhirn, P = Paraphyse, S = 1. Spinalnerv, T = Thalamus opticus, V = Vorderhirn, Z = Zwischenhirn.

werden mit der Höherentwicklung der Organisation immer komplizierter und länger, um schließlich bei den höchsten Säugetieren, bei denen es durchgehende Bahnen von der Vorderhirnrinde (s. S. 53) bis in das Lendenmark gibt (z. B. die absteigenden Pyramidenbahnen), ihren Gipfel zu erreichen.

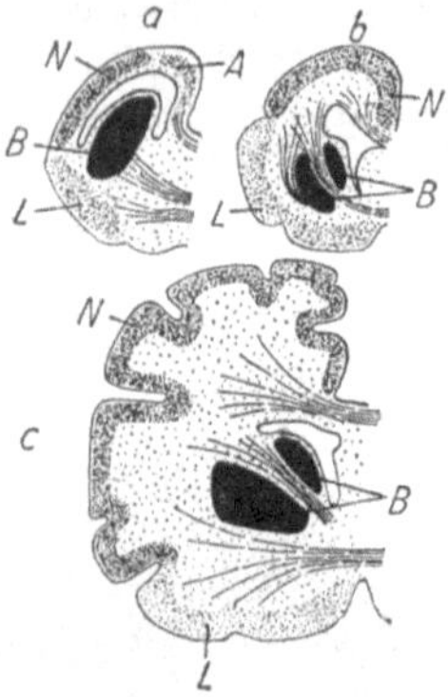

Abb. 37.

Schematische Querschnitte durch die Vorderhirne von Wirbeltieren. (Nach Edinger aus Kühn.) a: Reptil, b: niederer Säuger (Beuteltier), c: höherer Säuger (Hund). A = Archipallium, B = Basalganglion, L = Lobus olfactorius, N = Neopallium.

Das Gehirn der Wirbeltiere (Abb. 36) gliedert sich von hinten nach vorn in fünf Abschnitte: Im Nachhirn = Myelencephalon oder verlängertem Mark (Medulla oblongata) entspringen oder enden die meisten Hirnnerven. Bei Fischen und Amphibien sind 10, bei den höheren Vertebraten 12 vorhanden, deren Namen und Aus- oder Eintrittsstellen aus Abb. 36 ersichtlich sind. In der Medulla oblongata liegen die Zentren für viele Reflexe, die durch diese Nerven vermittelt werden z. B. Atemzentren [s. Teil 1 S. 101]). Meist liegen weiter vorn übergeordnete Zentren, die die Reflexe regulieren, und zwar zuerst ein Hemmungszentrum und noch weiter vorn ein Erregungszentrum. Bei Fröschen liegt das Freßzentrum in der Medulla oblongata. Wird diese kurz hinter dem Kleinhirn durchschnitten, so wird jeder die Schnauze berührene Gegenstand gepackt (sensible Bahn: N. trigeminus, motorische: N. facialis), Zerschneidung des Hirns vor dem Kleinhirn läßt den Reflex verschwinden. Beim normalen oder vorderhirnlosen Frosch wird der Reflex optisch ausgelöst. Das Kleinhirn (Hinterhirn = Metencephalon) reguliert die Koordination der Körperbewegungen und den Muskeltonus. Ein kleinhirnloser Hund kann alle Bewegungen ausführen; sie werden jedoch übertrieben, beim Gehen werden z. B. die Beine übermäßig hoch gehoben, beim Fressen das Maul zu weit aufgerissen und dergl. Bei schnell beweglichen Tieren (Vögel, viele Fische, Säuger) ist in der Regel das Kleinhirn relativ groß und differenziert. Das Mittelhirn = Mesencephalon ist bei den niederen Wirbeltieren hauptsächlich Umschaltstation für verschiedene Sinneserregungen. Bei den höheren ist es außerdem primäre Endstelle der Sehnerven und daher bei gut sehenden besonders stark entwickelt. Das Zwischenhirn = Diencephalon dient bei den Säugern, bei denen es am meisten differenziert ist, vorzugsweise der Umschaltung von Erregungen — besonders im Sehhügel (Thalamus opticus). Im Zwischenhirn enden die Fasern der sich vorher im Chiasma kreuzenden Sehnerven. An einer ventralen Ausstülpung des Diencephalon (Infundibulum) hängt die Hypophyse (s. Teil 1, S. 123). Dorsale Ausstülpungen sind die Paraphyse (unbekannter Funktion), die Epiphyse, die bei *Petromyzon* ein Lichtsinnesorgan, bei den höheren Wirbeltieren (Zirbeldrüse) eine inkretorische Drüse ist, und das Parietalorgan, das bei manchen Fischen und Reptilien als Lichtsinnesorgan funktioniert. Das Vorderhirn = Prosencephalon = Telencephalon (Großhirn) besteht aus den beiden blasigen Hemisphären, deren Boden zu je einem Basalganglion (Corpus striatum) verdickt ist, während das Dach die Hirnrinde — das Pallium — bildet. Bei Fischen ist sie im wesentlichen „Riechhirn", sie enthält Neuronen, die mit den

Abb. 38.

Motorische Zentren auf der linken Vorderhirnhemisphäre des Schimpansen. (Nach Sherrington und Grunbaum aus Höber.)

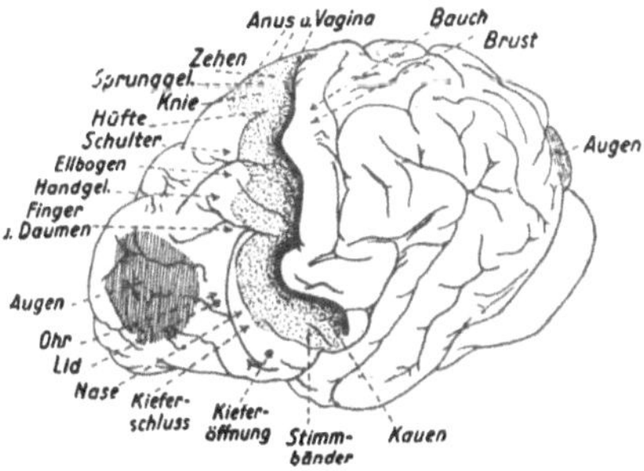

Riechlappen (Lobi olfactorii) in Verbindung stehen. Von den Amphibien an teilt sich die Rinde in ein der Riechfunktion dienendes Archipallium und das lateral gelegene Neopallium (Abb. 37). Dieses wird immer größer und erlangt durch reichliche Faltenbildung bei den höheren Säugern seine größte Entwicklung. Die Hirnrinde steht durch sehr verwickelte Fasersysteme mit den anderen Hirnteilen in Verbindung. Ihre einzelnen Bezirke sind in mannigfaltiger Weise miteinander verknüpft. Während bei Fischen und Amphibien, bei denen die Verhältnisse noch relativ einfach sind, Verlust des Vorderhirns das Verhalten nicht sehr wesentlich beeinflußt — Fische können sogar noch lernen —, sind vorderhirnlose höhere Wirbeltiere in ihrem Verhalten sehr stark verändert. Vögel können zwar noch sehen und sich geordnet bewegen (auch fliegen), sind jedoch nicht fähig, Wahrnehmungen zu benutzen. Z. B. ergreifen und töten Raubvögel bewegte Beutetiere, fressen sie jedoch nicht. Bei vorderhirnlosen Hunden sind die wichtigsten Sinne (Geruch, Gesicht, Gehör) ganz oder fast ganz verschwunden, Tast-, Gleichgewichts- und Temperatursinn jedoch erhalten. Alle höheren psychischen Leistungen sind vernichtet. Das Lernvermögen fehlt völlig. Nach nur einseitiger Vorderhirnausschaltung verschwinden die anfänglichen Störungen mit der Zeit. Eine Hemisphäre genügt also für alle Funktionen. Bei den höheren Wirbeltieren hat man histologisch und physiologisch durch Ausschalt- und Reizversuche, sowie durch Ableitung von Aktionsströmen in der Hirnrinde Felder (Rindenfelder) nachgewiesen, die bestimmten Funktionen zugeordnet sind. Man unterscheidet primäre und sekundäre Rindenfelder. Unter den ersten gibt es motorische (Abb. 38) und sensible. Reizung der motorischen bewirkt koordinierte Bewegungen der zugeordneten Muskelkomplexe, Zerstörung der sensiblen Sphären verursacht funktionellen Ausfall der betreffenden Sinnesorgane. Die Sekundärzentren stehen im Dienste höherer psychischer Funktionen. Vor allem bewirkt ihr Verlust das Verschwinden des Erinnerungsvermögens (Agnosie) und des eigentlichen „Handelns“ (Apraxie), d. h. der Ausführung bestimmter erlernter nicht automatenhafter Bewegungen. Für die höchsten psychischen Leistungen — Verstehen, Wollen, bewußtes Empfinden usw. — sind vor allem die Gebiete des Stirnlappens und der unteren Teile des Scheitellappens verantwortlich zu machen, in denen keine primären Zentren liegen. Diese Gebiete sind beim Menschen bedeutend ausgedehnter als bei allen Tieren (Abb. 39), wodurch die große „geistige Überlegenheit“ des Menschen auch anatomisch zum Ausdruck kommt.

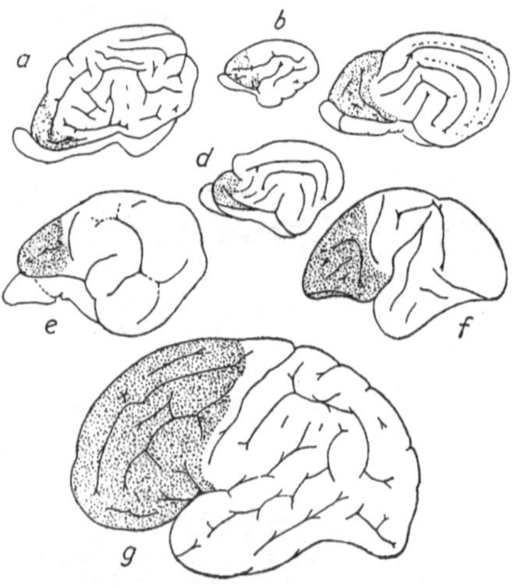

Abb. 39.
Gebiete der höchsten psychischen Leistungen (punktiert) in den Gehirnen einiger Säuger. (Nach E d i n g e r aus P l a t e.) a: Ziege, b: Halbaffe, c: Fuchs, d: Katze, e: Känguru, f: Affe (Meerkatze), g: Mensch.

Der G r e n z s t r a n g d e s S y m p a t h i c u s besteht aus marklosen Fasern, deren Zellen auf der Ventralseite der Wirbelsäule zu Ganglien vereint liegen. Er entsendet Fasern zu Nervennetzen an verschiedenen Organen. Durch Rami communicantes sind Verbindungen mit dem Rückenmark hergestellt (s. Abb. 35). Der Sympathicus innerviert innere Organe, wie den Darm und seine Anhänge (z. B. Speicheldrüsen, siehe Teil 1, S. 73), den Urogenitalapparat, das Herz (s. Teil 1, S. 121), die Gefäßwände usw. Die meisten inneren Organe werden außer von sympathischen Nerven noch von Fasern der Gehirn- oder Rückenmarksnerven versorgt, die im allgemeinen antagonistische Erregungen vermitteln (s. z. B. Herz, Tei 1, S. 121). Man bezeichnet ihre Gesamtheit als Parasympathicus. Sympathicus und Parasympathicus zusammen bilden das vegetative oder autonome Nervensystem.

II. Sinnesphysiologie

a) Allgemeines

Die Rezeptoren sind Differenzierungen, die Reize, also physikalische oder chemische Vorgänge, in Nervenerregungen umformen (Transformatoren). Sie stellen Vermittler zwischen dem Organismus und seiner Umwelt dar. Unter den reizbaren Elementen der Rezeptoren unterscheidet man drei Typen: Sinnesnervenzellen, die aus Neuronen bestehen, die mehr oder weniger tief unter der Peripherie liegen und verästelte Fasern an den Rezeptionsort entsenden (freie Nervenendigungen, Abb. 40 a). Primäre Sinneszellen, an der Oberfläche gelegene, besonders differenzierte Neuronen, die oft Stiftchen mit Fibrillen nach außen hervorstrecken und durch Fortsätze mit tiefer liegenden Neuronen verbunden sind (Abb. 40 b). Sekundäre Sinneszellen, die nur bei

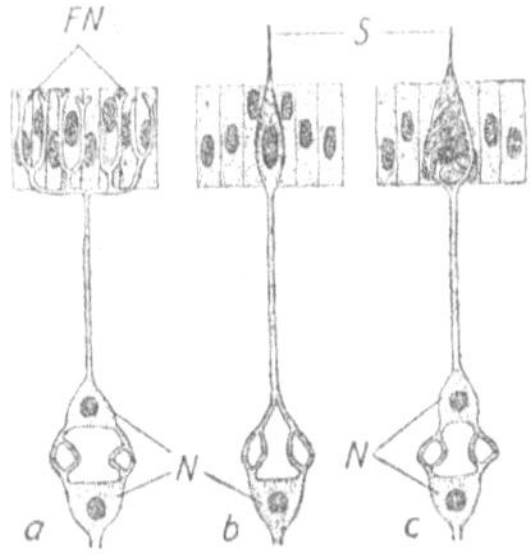

Abb. 40.

Schema der Rezeptorentypen a) Sinnesnervenzelle, b) primäre, c) sekundäre Sinneszelle, FN: freie Nervenendigungen, N: Nervenzellen, S: Sinnesstiftchen.

Wirbeltieren vorkommen. Sie bestehen aus Zellen mit Stiftchen, die jedoch keine Nervenzellen sind. Die Erregungen werden von ihnen durch Neuriten tiefer gelegener Ganglienzellen abgeleitet (Abb. 40 c). Derartige rezeptorische Elemente vereinigen sich oft in größerer oder geringerer Anzahl zu komplizierten Sinnesorganen, wozu noch mannigfaltige Hilfseinrichtungen treten können.

Die Sinnesorgane werden durch Reize erregt. Physikalisch-chemische Prozesse der Außenwelt versetzen sie also in eine veränderte energetische Situation (s. S. 5). Dies könnte theoretisch bei jedem Sinnesorgan durch jede Reizart geschehen. Aus der menschlichen Psychologie wissen wir jedoch, daß die verschiedenen Sinnesorgane durch bestimmte Energieformen besonders stark oder ausschließlich erregt werden und uns bestimmte Empfindungen übermitteln. Danach unterscheiden wir mehrere Sinnes- oder Empfindungsmodalitäten. Bei Tieren wissen wir über Empfindungen nichts, jedoch können wir beobachten, daß bestimmte Reize, die bestimmte Sinnesorgane treffen, typische Reaktionen verursachen, andere dies nicht tun. Daraus ergibt sich, daß auch bei Tieren den Sinneszellen spezifische Dispositionen zukommen. Die Sinneszellen sind elektiv, sie sprechen nur auf bestimmte — adäquate — Reize an. Werden sie von anderen — inadäquaten — Reizen getroffen, so reagieren sie entweder garnicht oder antworten mit derselben Erregung, wie auf den adäquaten Reiz. Den Sinneszellen sind spezifische Sinnesenergien zugeordnet. Das Vorkommen von „Wechselsinnesorganen", d. h. von Rezeptoren, die mehrere Sinnesmodalitäten übermitteln können, ist für Metazoen unwahrscheinlich. Man teilt die Sinnesphysiologie nach den Modalitäten ein, d. h. nach den Energieformen, die die Erregungen bedingen, und unterscheidet:

1. die Physiologie der mechanischen Reizung;
2. „ „ „ thermischen Reizung;
3. „ „ „ chemischen Reizung;
4. „ „ „ optischen Reizung;
5. „ „ „ elektrischen Reizung.

Vielfach spricht man von Schmerzreizen und daher von einem „Schmerzsinn", jedoch wissen wir nicht, ob es sich hierbei um einen besonderen „Sinn" handelt oder ob nicht jeder starke Reiz Erregungen verursachen kann, die wir als „Schmerz" empfinden. Wieweit solche Empfindungen bei Tieren auftreten, wissen wir nicht, man muß sie jedoch bei vielen höheren Tieren annehmen.

Innerhalb der Modalitäten unterscheidet man verschiedene Reizqualitäten, die durch Differenzierungen der Reize im Rahmen der einzelnen Energieformen bedingt werden.

Licht kann nach den Wellenlängen, Wärme nach der Höhe der Temperatur, Schall nach der Schwingungszahl verschiedene Erregungen hervorrufen.

Außerdem sind die Reize innerhalb der Modalitäten und Qualitäten durch ihre I n t e n s i t ä t e n unterschieden. Damit ein Reiz überhaupt wirkt, muß er einen bestimmten „Schwellenwert" erreichen (s. S. 6). Dieser ist veränderlich. Er kann sich nach der Reizintensität richten, die vorher auf das Sinnesorgan wirkte (Adaptation).

Im Dunkeln wird die Schwelle für Lichtreize stark herabgesetzt (s. S. 132). Bei Poikilothermen sinken die Schwellen für die meisten Reize mit steigender Temperatur.

Bei manchen Tieren können gewisse Reize die Schwellen für Reize anderer Modalität, die für gewöhnlich nicht beantwortet werden, so vermindern, daß Reaktionen eintreten (Sensibilisierung). Lichtunempfindliche Tiere (z. B. manche Protozoen) können durch chemische oder mechanische Reize veranlaßt werden, auf Lichtreize zu reagieren (s. S. 111). Wächst die Reizintensität, so wächst oft auch die Größe der Reaktion. In manchen Fällen ist dabei das Verhältnis zwischen zwei Reizen, die gerade noch getrennt rezipiert werden, konstant und unabhängig von der Reizgröße (W e b e r sches Gesetz).

Der Krebs *Balanus* reagiert auf Verminderung der Lichtintensität durch Einziehung (Schattenreflexe). Ist A die Lichtintensität, bei der die Tiere gehalten werden, an die sie „gewöhnt" sind, und B der Betrag, um den A vermindert werden muß, damit der Schattenreflex eintritt, so muß nach dem W e b e r schen Gesetz A/B konstant sein. Dies ließ sich experimentell bestätigen, wie folgende Tabelle zeigt (nach v. B u d d e n b r o c k, gekürzt):

A	B	A/B	A	B	A/B
1000	967	1,034	500	480	1,0415
933	875	1,066	250	240	1,0415
750	720	1,0415	67	64	1,0471

Das W e b e r sche Gesetz hat jedoch nur beschränkte Gültigkeit; bei sehr schwachen und sehr starken Reizen gilt es nicht. Die Sinnesorgane können sich an bestimmte Reizintensitäten „gewöhnen" oder adaptieren, d. h., daß länger dauernde Reize derselben Intensität keine Erregung mehr hervorrufen. Der

Rezeptor ist im Gegensatz zur Nervenfaser (s. S. 25) ermüdbar.

Die Erregung eines Rezeptors und ihre Weiterleitung zum Erfolgsorgan bewirkt in diesem eine Reaktion, die sehr verschiedener Art sein kann (s. S. 6). Manche Sinnesorgane veranlassen auch Sekretionsvorgänge. Ferner entstehen in den Sinnesorganen bei der Erregung Aktionsströme, die in einigen Fällen darstellbar und meßbar sind. Am auffälligsten sind Bewegungsreaktionen, die meist als Kriterien für den Erregungszustand eines Tieres dienen. Die einfachsten sind die unorientierten Bewegungen, bei denen die Richtung der Bewegung nur vom Bau des Tieres abhängt und keine räumliche Beziehung zu der Richtung des Reizes hat. Hierher gehören die einfachen unorientierten Bewegungen, wie der Schalenschluß der Muscheln bei Berührung des Mantelrandes, der Schattenreflex von *Balanus* (s. S. 57), Kontraktion von *Hydra* bei hohen Temperaturen u. dgl. Bei den sog. phobischen oder Schreckreaktionen sind zwar die einzelnen Akte der Reaktion nur von der Reizintensität und nicht von der Reizrichtung abhängig, also unorientiert, die Gesamtreaktion kann jedoch eine bestimmte „Orientierung" zur Reizrichtung bedingen. Der Verlauf einer typischen phobischen Reaktion, bei der sich zuletzt eine bestimmte räumliche Beziehung zur Reizrichtung ergibt (Phobotaxis), ist folgender (Abb. 41): Das Tier oder das die betreffenden Rezeptoren tragende Organ trifft auf die reaktionsauslösende Intensität (1). Es stellt darauf seine Bewegung

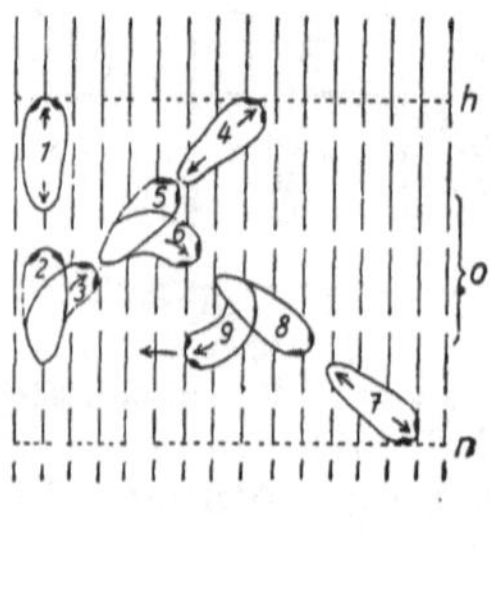

Abb. 41.

Schema einer phobischen Reaktion. (Nach Herter.) Die Zahlen geben die Reihenfolge der Bewegungsphasen, die Pfeile die Bewegungsrichtungen an. Die schwarzen Halbkreise stellen symmetrische Rezeptoren dar. Der Intensitätsabfall des Reizes wird durch das Kürzerwerden der senkrechten Linien angedeutet. h = Schreckreaktionszone gegen hohe, n = gegen niedrige Intensitäten. O = Optimum.

ein oder bewegt sich etwas rückwärts (2) und ändert nun seine Bewegungsrichtung (3). Nach welcher Seite diese Bewegungsänderung erfolgt, hängt nicht von der Reizrichtung, sondern von dem Bau des Tieres ab. Die Größe des Winkels, um den es sich dreht, kann von der Reizintensität bestimmt werden. In der neuen Richtung bewegt sich das Tier weiter, bis es wieder auf die reaktionsauslösende Intensität stößt, an die „Schreckreaktionszone“ gelangt (4). Dann wiederholt sich der gleiche Vorgang. Gibt es in einem Reizfelde zwei Schreckreaktionszonen, eine für hohe und eine für niedrige Intensitäten, so liegt dazwischen eine Indifferenzzone oder ein Optimum, also ein Gebiet, das nicht schreckend wirkt, in dem das Tier durch diese „Versuchs- und Irrtumsmethode“ festgehalten wird.

Abb. 42.

Schema der Tropotaxis. (Nach Herter.) Erklärung s. Abb. 41.

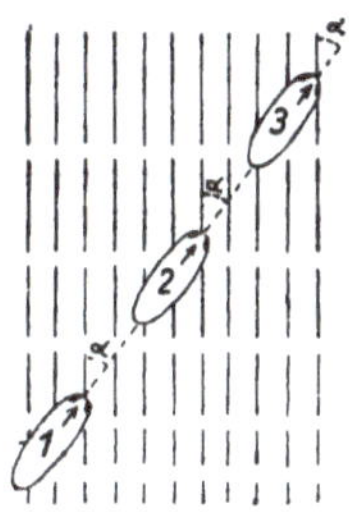

Abb. 43.

Schema der Menotaxis. (Nach Herter.) Der Winkel (α) zwischen Reiz- und Bewegungsrichtung bleibt gleich. Erklärung s. Abb. 41.

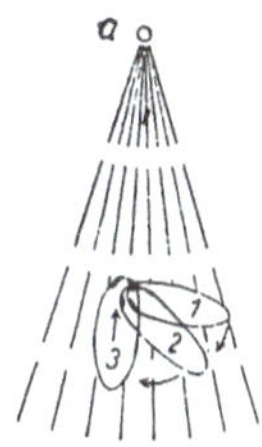

Abb. 44.

Schema der Telotaxis. (Nach Herter.) a = Reizquelle. Erklärung s. Abb. 41.

Bei den orientierten Reaktionen, den topischen oder Einstellungsreaktionen, steht die Bewegung in direkter räumlicher Beziehung zur Reizrichtung. Das Tier kann sich der Reizrichtung entgegenbewegen (positive Einstellung), es kann einen gewissen Winkel zur Reizrichtung einhalten (z. B. 90° = transversale Einstellung), oder die Bewegung kann von der Reizquelle weg erfolgen (negative Einstellung). Reagiert das Tier auf eine bestimmte Reizintensität positiv und auf eine andere Intensität desselben Reizes negativ, so liegt dazwischen eine Indifferenzzone, in die das Tier durch diese Reaktionen direkt gelangt.

Orientierte Bewegungen, die durch Wachstumsvorgänge erfolgen, nennt man T r o p i s m e n. Sie kommen sehr häufig bei Pflanzen vor. Äußerlich ähnliche Erscheinungen sind bei festsitzenden Tieren zu beobachten (s. S. 66, 76 und 117). Da die Mehrzahl der Tiere frei beweglich ist, herrschen bei ihnen Einstellungen vor, die durch Bewegungsorgane oder -organellen (Muskeln, Myoide, Geißeln, Wimpern) oder Pseudopodien zustande kommen. Derartige Reaktionen nennt man T a x i e n. Außer der aus unorientierten Teilhandlungen zusammengesetzten P h o b o t a x i s (s. S. 58) unterscheidet man drei Arten von Taxien: T r o p o t a x i s oder Symmetrieeinstellung, bei der das Tier sich so orientiert, daß die beiderseitigen Sinnesflächen gleich stark vom Reiz getroffen werden, die g l e i c h e n R e i z m e n g e n erhalten, dem Nervensystem also gleich starke Erregungen von beiden Seiten zufließen (Abb. 42). Bei der M e n o t a x i s wird eine unsymmetrische Reizverteilung auf den Sinnesflächen eine Zeitlang festgehalten. Dem Nervensystem fließen also verschiedene Erregungsmengen von beiden Seiten zu (Abb. 43). Bei der T e l o t a x i s oder Z i e l e i n s t e l l u n g wird der Sinnesapparat oder der Körper so gedreht, daß die Projektion der Reizquelle auf bestimmte Sinnesstellen fällt. Dem Nervensystem fließen also von bestimmten Sinnesstellen bestimmte Erregungen zu (Abb. 44). Je nach der Modalität, auf die sich die Reaktion bezieht, wird eine andere, die Reizart bezeichnende Vorsilbe vor den Ausdruck für die Orientierungsart gesetzt. Für den Lichtreiz ergibt sich z. B.: Photophobotaxis, Phototropismus, Phototropotaxis, Photomenotaxis und Phototelotaxis. Wir werden Beispiele für alle diese Bewegungsreaktionen kennen lernen, jedoch sei schon jetzt betont, daß die Taxien nicht unbedingt starr sind. Dasselbe Tier kann je nach den äußeren Umständen und seinem physiologischen Zustand (s. S. 33) nach einem anderen Taxischema reagieren. Es kann auf denselben Reiz negativ, positiv oder auch garnicht ansprechen, wobei vor allem die Reizintensität von Bedeutung ist.

Zur Klärung sinnesphysiologischer Fragen bedient man sich oft der Dressurfähigkeit (s. S. 37) vieler Tiere. Ein Reiz A, auf den das Tier für gewöhnlich nicht reagiert, wird als Signalreiz in Verbindung mit dem Originalreiz B, der eine bestimmte Reaktion verursacht, geboten. Bildet sich nach mehr oder weniger häufiger Wiederholung eine Assoziation zwischen A und B, so reagiert das Tier schon allein auf A, was beweist, daß der Reiz A rezipiert werden kann. In vielen Fällen ergab sich so, daß Tiere Reize, die in ihrem normalen Leben bedeutungslos sind, rezipieren können. Die Potenz der Sinnesorgane ist oft größer als ihre biologische Bedeutung.

b) Die Physiologie der mechanischen Reizung

Mechanische Reize werden durch Druck- und Zugkräfte hervorgebracht. Je nachdem, ob dies durch Berührung mit festen Körpern, durch strömende Flüssigkeiten oder Gase, durch die Schwerkraft der Erde oder durch Schallwellen geschieht, unterscheidet man Berührungs- oder Tastreize, Strömungsreize, Schwerereize und Schallreize. Dementsprechend läßt sich die Physiologie der mechanischen Reizung in vier Sinnesgebiete einteilen.

1. Tastsinn

Die adäquaten Reize für den Tastsinn werden durch die Berührung mit festen Körpern, Flüssigkeits- oder Gasteilchen dargestellt, die weder strömen, noch durch Schallwellen (s.S.81) bewegt werden. Innerhalb des Tastsinnes kann man dann wieder den Berührungssinn von dem Erschütterungssinn unterscheiden.

Den Wimpern und Geisseln der Protozoen kommt meist gesteigerte Tastreizbarkeit zu. Die Tangorezeptoren der Metazoen — im Dienste der Tastfunktion stehende primäre Sinneszellen — haben meist feine Stiftchen oder „Härchen", die über die Oberfläche hervorragen und deren Berührung leichte Deformationen an der Zelle hervorruft, wodurch diese erregt wird (z. B. Tastborsten und Tastgeisseln der Turbellarien). Oft treten freie Nervenendigungen oder primäre Sinneszellen mit besonderen Hilfseinrichtungen (Stimulatoren) in Verbindung, wodurch ihre Wirksamkeit erhöht wird. Bei Anneliden legen sich die Endbäumchen von Sinnesnervenzellen an die Basen starrer Borsten an (Abb. 45a), so daß sie durch Hebelwirkung beim Anstoßen der Borsten an einen festen Körper gedrückt werden. Nach demselben Prinzip sind die Tasthaare der Säuger gebaut. Bei manchen, den Sinushaaren (Schnurrhaaren), ist der äußere Haarbalg von Bluträumen durchzogen, die als Schwellkörper funktionieren und die Nervenendigungen an das Haar drücken (Abb. 45b). Bei den Arthropoden, deren gepanzerte Körper an den meisten Stellen Tastreizen schwer zugänglich sind, ist das Chitin an vielen Stellen durch feine Kanäle (Porenkanäle) durchbohrt, durch die Fortsätze primärer Sinneszellen (Terminalstränge) hin-

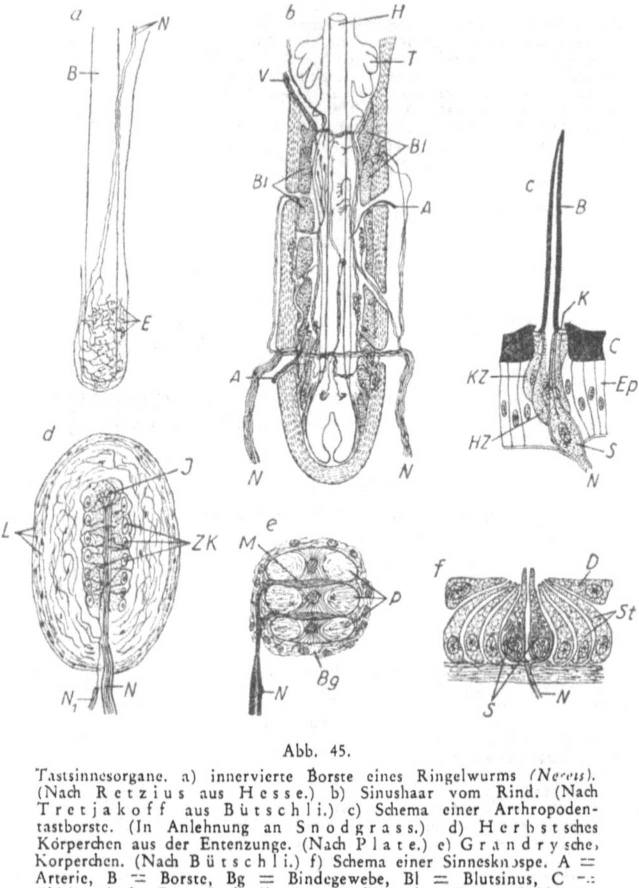

Abb. 45.

Tastsinnesorgane. a) innervierte Borste eines Ringelwurms *(Nereis)*. (Nach Retzius aus Hesse.) b) Sinushaar vom Rind. (Nach Tretjakoff aus Bütschli.) c) Schema einer Arthropodentastborste. (In Anlehnung an Snodgrass.) d) Herbstsches Körperchen aus der Entenzunge. (Nach Plate.) e) Grandrysche Körperchen. (Nach Bütschli.) f) Schema einer Sinnesknospe. A = Arterie, B = Borste, Bg = Bindegewebe, Bl = Blutsinus, C = Chitincuticula, D = Deckzelle, E = Endbäumchen, Ep = Epidermis, H = Haar, Hz = Hüllzelle, I = Innenkolben der Hauptnervenfaser (N), der von einem Netz der Nebennervenfaser (N_1) umgeben ist, K = Kuppelmembran, KZ = Kappenzelle, L = Lamellen, M = zu einem „Meniskus“ verbreiterte Nervenendigung, N = Nervenfasern, P = Polsterzellen, S = Sinneszellen, St = Stützzellen, T = Talgdrüse, V = Vene, ZK = Zellkerne.

durchziehen. Sie legen sich — oft mit besonderen Differenzierungen (stiftförmige Körper) — an die Basen von Chitinborsten, die auf zarten Membranen (Kuppelmembranen) gelenkig befestigt sind (Abb. 45 c). Die Borsten können sehr verschieden gestaltet sein. Bei Wirbeltieren gibt es sog. Tastkörperchen, bei denen freie Nervenendigungen von saftreichen Zellen umgeben werden (Lamellenkörperchen, wie die Vater-Pacinischen Körper der Säuger und die Herbstschen Körper der Vögel [Abb. 45 d]), oder sich an stark turgeszente Zellen anlegen (Meißnersche Körper der Säuger, Grandrysche Körper der Vögel [Abb. 45 e], Merkelsche Körper vieler Vertebraten). Die Hilfszellen scheinen hier als Druckpolster zu dienen. Bei Fischen und Wasseramphibien dienen sekundäre Sinneszellen der Tangorezeption, die als Endhügel oder Sinnesknospen (Abb. 45 f) in der Epidermis liegen. Über die Verteilung der Tangorezeptoren auf dem Tierkörper läßt sich allgemein nur sagen, daß sie überall stehen können, sich jedoch vorzugsweise am Vorderende und an den Körperanhängen finden, also an Stellen, die den meisten Tastreizen ausgesetzt sind. Im einzelnen sind die Verhältnisse je nach der Lebensweise der betreffenden Tiere sehr verschieden. Die Körperstellen, die zu speziellen Tastverrichtungen gebraucht werden, sind meist mit zahlreichen oder komplizierten Tastapparaten ausgestattet. Beispiele sind: die Tentakel der Cölenteraten, die Kopfanhänge vieler Würmer, die Kopfanhänge, Beine und Cerci der Arthropoden, die Mantelränder der Muscheln, die Zungen und Schnabelspitzen mancher Vögel (Schnepfen), die Köpfe (besonders Rüssel) und Extremitäten (z. B. die Tasthaare an den Handwurzeln von Klettertieren) der Säuger.

Als Antworten auf Tastreize sind einfache unorientierte Bewegungen weit verbreitet. Eine *Hydra*, die mit einer Nadel stark berührt wird, kontrahiert sich immer in derselben, durch den Körperbau bedingten, Richtung, gleichgültig, ob sie sich dadurch von der Reizquelle entfernt (Abb. 46 a) oder ihr nähert (Abb. 46 b). Manche Tiere rollen

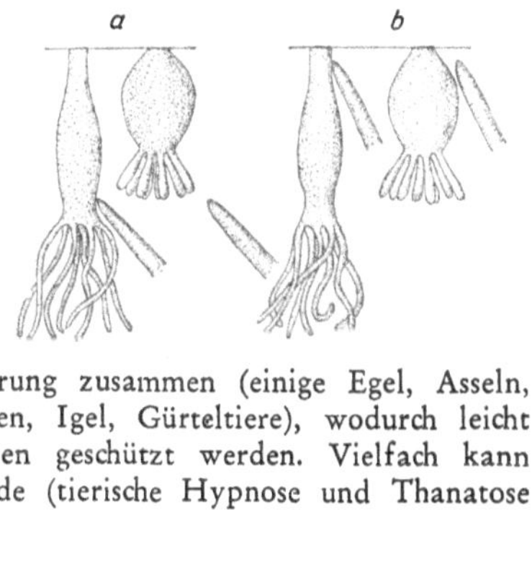

Abb. 46

Einfache unorientierte Bewegungsreaktion eines Süßwasserpolypen (*Hydra*) bei Berührung.

sich bei starker Berührung zusammen (einige Egel, Asseln, Diplopoden, Goldwespen, Igel, Gürteltiere), wodurch leicht angreifbare Körperstellen geschützt werden. Vielfach kann man auch Starrezustände (tierische Hypnose und Thanatose

(s. S. 35), oder Autotomie (s. S. 48), bei Berührung beobachten. Oft werden starke Berührungsreize durch phobische oder negative tropische Reaktionen (negative Thigmo- oder Stereotaxis) beantwortet, indem die Tiere vor der Reizquelle „zurückschrecken" oder sich von ihr gerichtet wegbegeben. Wehrhafte Tiere können sich jedoch auch dem Reizort zuwenden und den berührenden Gegenstand angreifen. Lokale Tastreize können je nach Tierart, Körperstelle und Reizintensität sehr verschieden beantwortet werden, wobei die Lokalisation des Tastreizes oft sehr genau ist.

Der Krallenfrosch *Xenopus* schnappt mit großer Sicherheit nach Gegenständen, die ihn an irgend einer Körperstelle schwach berühren. Der Fischegel *Piscicola* schlägt bei Berührung am Hinterende seinen langen Leib nach hinten und saugt sich mit dem Vordersaugnapf an den berührenden Gegenstand an (Abb. 47). Bei vielen Insekten bewirkt Fehlen

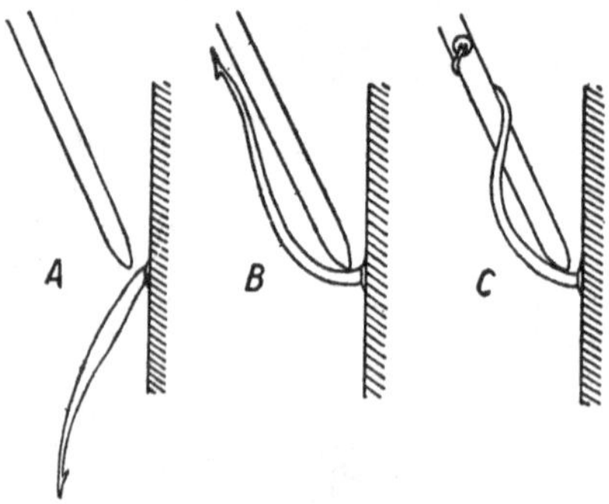

Abb. 47.

Berührung eines Fischegels (*Piscicola*) mit einem Glasstab am Hinterende (A, B.) Der Wurm saugt sich an den Stab an (C). (Nach Herter.)

von Tastreizen an den Tarsen Flugbewegungen. Eine an einem Stabe frei in der Luft gehaltene Fliege fliegt. Gibt man ihr eine Papierkugel zwischen die Tarsen, so stellt sie die Flugbewegungen sofort ein.

Schwache Tastreize bewirken oft positive Thigmotaxis, d. h. Anschmiegung oder Einwühlen in das berührende Substrat. Viele Tiere pflegen sich einzugraben, sich in enge Spalten zu klemmen (Abb. 48) oder sonstwie möglichst viele

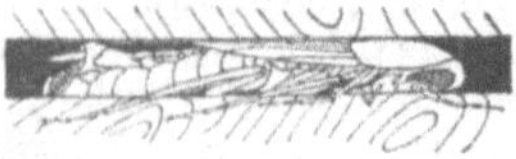

Abb. 48.

Deutsche Schabe *Phyllodromia germanica*) thigmotaktisch in eine Spalte geschmiegt. (Nach Wille.)

Punkte der Oberfläche mit festen Körpern in Berührung zu bringen. Oft fallen sie dabei in thigmotaktische Starre, d. h., sie verharren so lange bewegungslos, wie der Tastreiz andauert.

Ciliaten können im Kontakt mit rauhen Oberflächen (Algenfäden, Fließpapierfasern) den Wimperschlag einstellen und sich an die Fremdkörper anschmiegen. Diese Starre kann so fest sein, daß selbst starke Reize anderer Modalität, wie starke elektrische Ströme oder Erwärmung auf hohe (selbst tödliche) Temperatur, sie nicht zu lösen vermögen. Das Vorzeichen der Thigmotaxis kann vom physiologischen Zustand abhängen. Der Entenegel *Theromyzon tessulatum* ist satt positiv, hungrig negativ thigmotaktisch. Eingeschmiegt ist er vor Feinden geschützt, frei umhergehend kann er seine Wirte (Wasservögel) finden.

Manche Tiere sind dazu fähig, feste Körper durch Rezeption der Druckveränderungen im Medium in deren Nähe wahrzunehmen und zu lokalisieren. Bei Wasserwirbeltieren stehen die sog. lateralen Endhügel und die Seitenlinienorgane im Dienste dieser Funktion.

Die lateralen Endhügel der Wasseramphibien sind längliche Gruppen von Sinnesknospen (Abb. 45 f), die so am Kopf und Rumpf liegen, daß ihre Längsachsen z. T. aufeinander senkrecht stehen (Abb. 49). Bei Fischen sind die Organe in Hautkanäle eingesenkt, die offen sein können

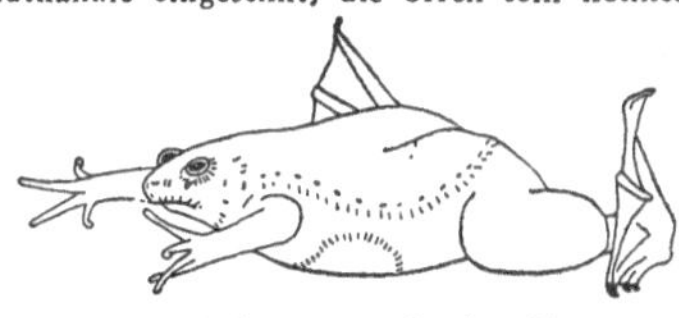

Abb. 49.

Anordnung der lateralen Endhügel bei dem Krallenfrosch, *Xenopus laevis*. (Nach Kramer.)

(*Petromyzon, Chimaera*), gewöhnlich jedoch nur durch Hautporen mit der Außenwelt in Verbindung stehen (Abb. 50). Diese mit Schleim gefüllte „Seitenlinie“ teilt sich am Kopf in mehrere Äste (s. Abb. 75 a) und wird durch Zweige des VII., IX. und X. Hirnnerven versorgt. Der

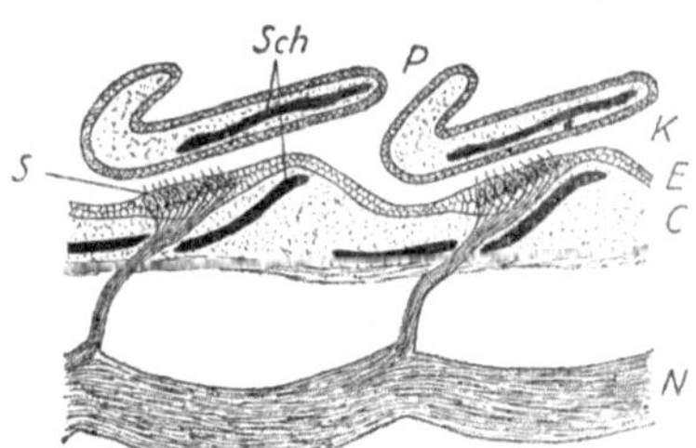

Abb. 50

Schematischer Längsschnitt durch die Seitenlinie eines Knochenfisches. (Nach Allis, aus Kühn.) C = Corium, E = Epidermis, K = Kanal, N = Nerv, P = Hautporus, S = Sinneszelle, Sch = Schuppe.

Krallenfrosch *Xenopus* rezipiert mit den Endhügeln im Wasser bewegte kleine Gegenstände auf Entfernungen bis zu 15 cm.

Bei Interferenz zwischen Tastreizen und anderen Reizen läßt sich oft ein Überwiegen der ersten feststellen. Viele negativ phototaktische Tiere reagieren nicht auf Licht, wenn sie zwischen zwei Glasplatten eingeschmiegt sind (z. B. Regenwürmer, manche Egel, Nachtschmetterlinge am Tage). Die positiv thigmotaktische Larve der Ameisenjungfer (*Myrmeleon*) pflegt rückwärts auf eine Lichtquelle zuzukriechen. Kriecht sie jedoch in einer Glasröhre in Berührung mit deren Wänden, so kann man sie in jeder Richtung — z. B. direkt vom Licht weg — kriechen lassen. Aus der Röhre herausgekommen, wendet sie sich sogleich dem Licht wieder zu (Abb. 51).

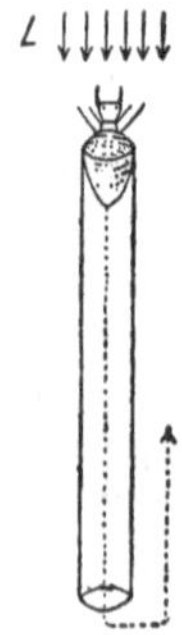

Abb. 51. Interferenz von Tast- und Lichtreizen bei der Larve von *Myrmeleon* (Ameisenlöwe). (Nach D o f l e i n.) L = Lichtrichtung.

Bei sessilen Tieren, z. B. bei Hydroidpolypen und Bryozoen, läßt sich durch Berührungsreize gerichtetes Wachstum beobachten. Meist wachsen die Verankerungsorgane — die Hydrorhizen und Stolonen — in Ritzen ein oder schmiegen sich an Flächen an, während die die Tentakel tragenden Hydranthen usw. sich vom Substrat wegkrümmen. Andere Reaktionen auf Tastreize sind noch Abwehrbewegungen (z. B. Putzbewegungen), Farbwechsel, Lautäußerungen, Sekretion bestimmter Stoffe (z. B. Schleim), Produktion von Elektrizität (z. B. Zitterfische, s. Teil I, S. 143) oder Licht (s. Teil I, S. 144).

Die Reaktionen auf E r s c h ü t t e r u n g s r e i z e sind vielfach einfache unorientierte Bewegungen, wie Kontraktionen, Zurückziehen in Schalen oder Gehäuse usw. In manchen Fällen lassen sich jedoch orientierte Reaktionen beobachten. Der Hauptreiz, der Radnetzspinnen zu ihrer im Netz zappelnden Beute leitet, ist die Erschütterung der Netzfäden durch die

Abwehrbewegungen der gefangenen Insekten. Ein elektrisch in Vibration gesetzter Strohhalm, der einen Punkt des Netzes berührt, veranlaßt die im Netzmittelpunkt sitzende Spinne, geradlinig auf den Erschütterungspunkt zuzueilen (positive Vibrotaxis) und den Strohhalm anzugreifen. Bei Wassermolchen *(Triturus)* ist ein sehr feiner Erschütterungssinn nachgewiesen. Geblendete Molche, denen die Geruchsnerven durchschnitten sind, finden sich langsam bewegende Regenwürmer mit Hilfe der von diesen ausgehenden Erschütterungsreize. Hungrige Entenegel gehen gradlinig auf einen Punkt der Wasseroberfläche zu, an dem durch schnelle Bewegung eines Gegenstandes oder durch Anblasen frequente Wellen erzeugt werden. In der Natur finden sie durch diese Reaktion die Schnäbel „schnatternder" Enten. Werden zwei vom Egel gleichweit entfernte Punkte angeblasen, so geht er auf der Mittelsenkrechten auf der Verbindungslinie der beiden Erschütterungszentren (Vibrotropotaxis). Viele Insekten rezipieren Bodenerschütterungen durch spezifische in den Tibien nahe dem „Knie" gelegene „Subgenualorgane"; segelartig ausgespannte Platten von Sinneszellen, die nach dem Typ der Chordotonalorgane (s. S. 82) gebaut sind.

Für viele Tiere ist der Tastsinn von größter Lebenswichtigkeit, besonders für Formen, die ihre Haupttätigkeit im Dunkeln entfalten, also auf optische Orientierung mehr oder weniger verzichten müssen. Die oft durch besondere Muskeln beweglichen Haare am Kopf der Nacht- und Dämmerungssäuger sind wichtige Orientierungsorgane, deren Verlust die Tiere mehr schädigen kann als der des Gesichts- oder Geruchssinnes. Dies gilt z. B. für Katzen und Ratten. Bei den Honigbienen findet gegenseitige Verständigung durch Tastreize statt: Eine mit reichlicher Tracht heimkehrende Arbeiterin „tanzt" im dunklen Stock auf den dicht mit Bienen besetzten Waben, wobei sie die Genossinnen anstößt. Dieser taktile Reiz in Verbindung mit anderen Reizen (s. S. 103) veranlaßt das Ausfliegen anderer Bienen. Tiere lassen sich auf Tastreize dressieren: z. B. der Zwergwels *(Amiurus)* auf die Unterscheidung glatter und rauher Glasstäbe.

Große Bedeutung hat der Tastsinn für die W a h r n e h m u n g d e r L a g e u n d S t e l l u n g d e r e i g e n e n K ö r p e r t e i l e (propriozeptive Sinneswahrnehmung). Bei Arthropoden sind in der Nähe der Gelenke Tastborsten („Stellungsshaare") so angeordnet, daß sie bei bestimmten Stellungen benachbarte Körperteile berühren, wodurch dem Tier seine Gliedmaßenstellung angezeigt wird. Bei Wirbeltieren liegen in dem die Sehnen und Muskeln umhüllenden Bindegewebe, sowie in manchen inneren Organen (z. B Pankreas der Katze) Sinnesorgane (Vater-Pacinische Körper und andere), die durch Druck oder Zug erregt werden und dem Tier dadurch den Spannungs- und Bewegungszustand der Muskeln („Muskelsinn") oder die Stellung und Lage der Organe mitteilen. In den Muskeln liegen die Muskelspindeln, Rezeptoren, die durch die Dehnung der Muskeln erregt werden und reflektorisch deren Kontraktion verursachen (vgl. S. 31). Durch solche „Eigenreflexe" werden viele Stellungen und Bewegungen reguliert („Stellreflexe"). Durch propriozeptive Sinnesorgane können jedoch auch äußere Reize rezipiert werden, wie z. B. bei dem Taumelkäfer *Gyrinus*.

Im 2. Antennenglied (Pedicellus) liegt bei ihm das Johnstonsche Organ (ein Chordotonalorgan, s. S. 82), das den Spannungszustand in der Gelenkhaut zwischen dem 2. und 3. Glied (Funiculus) rezipiert (Abb. 52). Der Käfer schwimmt sehr schnell und geschickt auf der

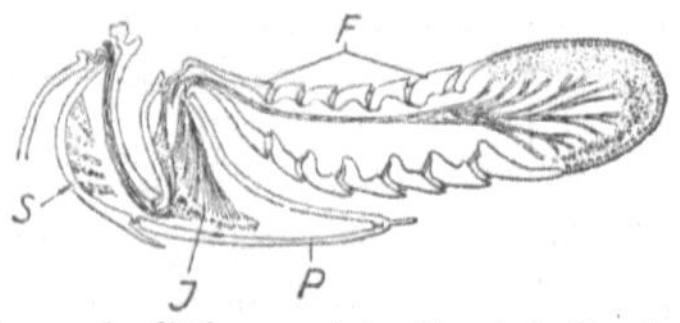

Abb. 52.
Längsschnitt durch eine Antenne des Taumelkäfers *Gyrinus marinus*. (Nach Eggers.) F = Funiculus, J = Johnston'sches Organ, P = Pedicellus, S = Scapus.

Wasseroberfläche, wobei die kahnförmige Unterfläche des Pedicellus auf der Wasserfläche liegt. Nähert er sich einem aus dem Wasser ragenden Gegenstand (Pflanzenteil, Ufer usw.), so wird der Pedicellus durch reflektierte Wellen oder den Meniscus der Oberfläche gehoben und dadurch die Spannung in dem Gelenk zwischen Glied 2 und 3 geändert, was dem Käfer die Annäherung an das Hindernis anzeigt.

2. Strömungssinn

Strömungsreize werden durch die mechanische Wirkung strömender Flüssigkeiten oder Gase erzeugt. Bei den Gasen handelt es sich um Luft (Wind). Die Flüssigkeit ist entweder das Umweltmedium, also in erster Linie das Wasser, oder die Körperflüssigkeit eines Wirtes (bei Parasiten); oder aber strömende Flüssigkeit im Innern des Tierkörpers selbst (Bogengänge der Wirbeltiere).

Über die mechanische Reizwirkung von Luftströmen auf Tiere wissen wir wenig.

Fliegende Insekten, namentlich solche mit Schwebeflug (z. B. Syrphiden), oder solche, die in tanzenden Schwärmen fliegen (viele Mücken), stellen ihre Vorderenden der Windrichtung entgegen (positive Anemotaxis). Bei Paarungsflügen vieler Dipteren ist Orientierung gegen die Windrichtung festgestellt. Manche Heuschrecken sollen gegen starken, jedoch mit schwachem Wind fliegen. Fliegen und Ephemeriden sitzen häufig so, daß ihre Vorderenden dem Winde entgegenstehen. Dasselbe gilt für Vögel und viele Säuger. Beim Wanderflug der Vögel spielt die Windorientierung eine untergeordnete Rolle. Amphibien (Molche und Erdkröten) bewegen sich in einem künstlichen Luftstrom vorzugsweise mit dem Winde. Der Igelfloh *(Archaeopsylla erinacei)* springt dem Exspirationsstrom aus der Nase des Wirtes entgegen und gelangt so auf den Igel. Der Rezeptor für den Luftstrom ist die abdominale Sinnesplatte, auf der Sinneshaare (Trichobothrien) durch den Luftstrom bewegt werden.

Manche Tiere reagieren auf Wasserströme durch einfache unorientierte Bewegungen.

Der Süßwasserschwamm *Ephydatia fluviatilis* zieht bei Einwirkung stärkerer Ströme die schornsteinartigen Erhebungen, auf denen die Oscula stehen, ein.

Die meisten Wassertiere zeigen positive Rheotaxis, d. h. sie stellen die Vorderenden gegen den Strom und kriechen oder schwimmen diesem entgegen.

Dies tun z. B. Paramaecien, bei denen die Einstellung durch eine Folge phobischer Akte zustande kommt, indem jeder Strom, der das Tier nicht von vorn trifft, mit Schreckreaktionen beantwortet wird (Rheophobotaxis). Bei der positiv rheotaktischen Einstellung der Metazoen handelt es sich wohl meist um Tropotaxis, jedoch fehlt vielfach die eingehende Analyse. Deutliche tropotaktische Einstellung und Fortbewegung gegen den Strom zeigen einige Planarien *(Planaria alpina, P. gonocephala, Dendrocoelum lacteum* und andere), namentlich Tiere aus schnell fließenden Bächen. Bietet man ihnen Wasserströme verschiedener Stärke, so kriechen sie gegen den stärkeren. Gegen schwache Ströme verhalten sie sich zuweilen negativ, wie überhaupt die rheotaktischen Reaktionen nach dem physiologischen Zustand sehr wechseln können. Teilstücke zerschnittener Planarien reagieren oft noch positiv. Der Rüsselegel *Hemiclepsis marginata* geht einem Wasserstrom entgegen, jedoch nicht, wennn er thigmotaktisch eingeschmiegt in einer Spalte sitzt, dann reagiert er durch Kontraktionen auf den Strom (Abb. 53). Der als temporärer Parasit an Fischen lebende Krebs *Argulus* schwimmt Wasserströmen für gewöhnlich entgegen und stellt sich auf dem Fischkörper so ein, daß sein Vorderende in die Schwimmrichtung des Wirtes zeigt. Bei einigen höheren Krebsen (Brachyuren und Anomuren) schlagen die ersten Antennen Wasserströmen entgegen. Die meisten Wasserinsekten — Trichopteren-, Ephemeriden-, Blepharoceridenlarven, Wasserkäfer und -wanzen — sind mehr oder weniger positiv rheotaktisch. Die Mehrzahl der Fische reagiert positiv, ebenso Wasseramphibien (Molche) und -reptilien (Alligatoren und Schildkröten).

Spezifische Rezeptoren für Strömungsreize — Rheorezeptoren — sind bisher nicht sicher bekannt. Daß die Seitenlinienorgane der Fische solche sind, ist in letzter Zeit

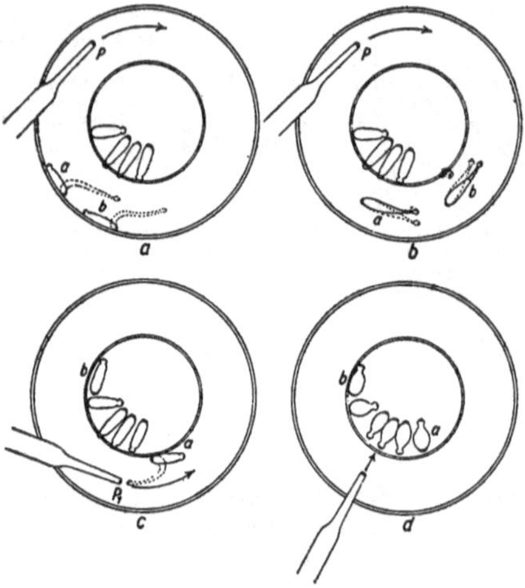

Abb. 53.

Die freisitzenden Fischegel *(Hemiclepsis marginata)* gehen dem Strom aus der Pipette P oder P_1 entgegen (a bis c). Unter eine Glasschale geschmiegt, reagieren sie durch Kontraktion (d). (Nach Herter.)

zweifelhaft geworden, da die Tiere auch nach Ausschaltung der Organe noch auf Strömungsreize reagieren können. Da die Rheotaxis auf der Rezeption mechanischer Reize beruht, die durch das Aufprallen der Mediumteilchen auf den Tierkörper erzeugt werden, ist zu ihrem Zustandekommen das Vorhandensein von Geschwindigkeitsdifferenzen zwischen Mediumteilchen und Tierkörper nötig, wie etwa bei auf dem Gewässerboden sitzenden Tieren. Wird ein Tier jedoch passiv vom Strome mitgeführt, so nimmt es dessen Geschwindigkeit an, es besteht also keine Geschwindigkeitsdifferenz mehr. Ein Tier in dieser Lage kann sich also nur noch rheotaktisch orientieren, wenn innerhalb des Stromes die Stromfäden eine verschiedene Geschwindigkeit haben, oder wenn die Geschwindigkeit wechselt. Dies mag in der Natur zuweilen vorkommen, jedoch gibt es auch ganz gleichmäßig fließende

Wassermengen (etwa im Meer). Ob und wie hier eine Stromorientierung erfolgt, ist noch eine offene Frage. Das Verharren mancher freischwimmender Tiere an bestimmten Stromstellen kann optisch (photomenotaktisch, s. S. 124) bedingt sein (z. B. Forellen und *Notonecta*). Die positive Rheotaxis verhindert die Verschwemmung der Tiere des fließenden Wassers und dient den wandernden Formen zur Orientierung, so daß vielfach die geographische Verbreitung der Tiere von ihr abhängt.

Der Bogengangapparat der Wirbeltiere liegt im dorsalen Teil (Pars superior) des Ohrlabyrinths. Dieses Organ, das noch dem Schwere- (s. S. 79) und Gehörsinn (s. S. 85) dient, besteht aus einem System häutiger Hohlräume (häutiges Labyrinth), die mit Flüssigkeit — Endolymphe — gefülllt sind. Das häutige Labyrinth ist in einer knöchernen oder knorpligen Kapsel, die ebenfalls mit einer Flüssigkeit — Perilymphe — gefüllt ist, durch Bindegewebe aufgehängt. Die Pars superior des häutigen Labyrinths gliedert sich in einen zentralen Raum, den Utriculus, von dem 3 (bei Cyclostomen nur 2 oder 1) halbkreisförmige Kanäle, die Bogengänge, ausgehen Abb. 54 a und 59). Von den drei Bogengängen liegt einer — der äußere oder horizontale — in einer etwa waagerechten Ebene, während die beiden anderen — der vordere und hintere — vertikal stehen. Der vordere der einen und der hintere der anderen Seite liegen in ungefähr parallelen Ebenen. Jeder Bogengang gliedert sich in den Kanal und eine, beim äußeren und vorderen vorn und beim hinteren hinten gelegene, Erweiterung, die Ampulle. Die Rezeptoren sind sekundäre Sinneszellen, die an der äußeren Ampullenwand auf einer leistenförmigen Erhöhung — der Crista statica — stehen und mit Haaren in das Ganglumen hineinragen. Die Haare sind durch eine gallertige Masse — die Endkuppel (Cupula terminalis) —, die den ganzen Querschnitt der Ampulle ausfüllt, miteinander verklebt. Die nervöse Versorgung geschieht durch Äste des 8. Hirnnerven, des Nervus statoacusticus (Abb. 54 b).

Wird ein Tier gedreht oder dreht es seinen Kopf, so machen die Labyrinthe die Bewegung mit, da sie im Schädel fest verankert sind. Die Endolymphe in den in der Drehebene liegenden Bogengängen bleibt jedoch stehen, so daß diese sich gewissermaßen um ihren Inhalt herumdrehen. Es entsteht in den betreffenden Bogengängen ein Flüssigkeitsstrom, der dem Drehsinn entgegengesetzt gerichtet ist und auf die Cupulae drückt. Die Endkuppeln mit den Sinneshaaren werden dadurch verbogen, wodurch die Sinneszellen erregt werden. Wird ein Wirbeltier nach rechts — also im Uhrzeigersinne — in der Horizontalebene gedreht, so entsteht in den beiden äußeren Bogengängen je ein linksgerichteter Strom, der rechts vom Kanal in die Ampulle (ampullopetal)

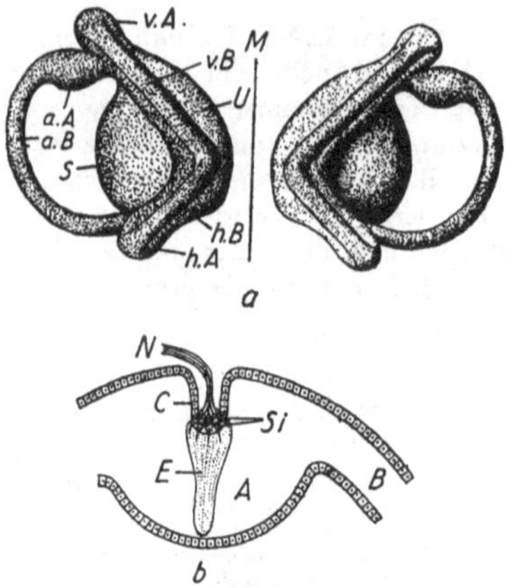

Abb. 54.

a) Schema der Bogengänge eines Wirbeltiers und ihrer Lage zur Medianebene (M). b) Schematischer Längsschnitt durch eine Ampulle. A = Lumen der Ampulle, aA = äußere Ampulle, aB = äußerer Bogengang, B = Lumen des Bogenganges, C = Crista statica, E = Endkuppel, hA = hintere Ampulle, hB = hinterer Bogengang, N = Nerv, S = Sacculus, Si = Sinneszellen, U = Utriculus, vA = vordere Ampulle, vB = vorderer Bogengang.

und links von der Ampulle in den Kanal (ampullofugal) fließt. Die Sinneshaare in der rechten Ampulle werden im entgegengesetzten Sinne (in bezug auf die Medianebene) wie die der linken abgebogen (Abb. 55). Die Rechtsdrehung bedingt demnach eine ganz bestimmte Erregungsverteilung auf den Sinnesstellen. Das Labyrint ist ein sog. tonisches Organ, d. h. von seinen Sinnesstellen verlaufen Reflexbögen zu bestimmten Muskeln, deren Tonus (s. S. 16) durch Erregung dieser Rezeptoren erhöht wird. Die horizontalen Bogengänge stehen hauptsächlich mit den Muskeln, die Drehung in der Horizontalen bewirken, in Verbindung. Die Schaltung der Reflexbögen ist so, daß die durch Rechtsdrehung hervorgerufene Erregung zu den Muskeln fließt, die das Tier nach links drehen. Daher dreht sich das Tier während passiver Rechtsdrehung nach links (Kompensationsdrehung). Bei länger anhaltender passiver Drehung bewegt sich allmählich

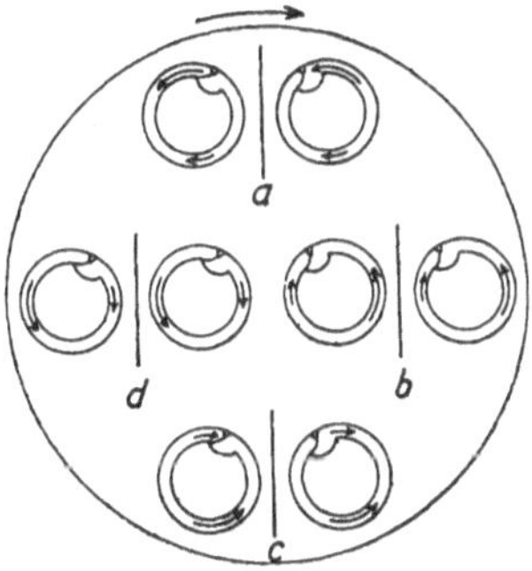

Abb. 55.
Die Richtung des Endolymphstromes in den horizontalen Bogengängen bei verschiedenen Stellungen des Tieres auf der Drehscheibe bei Rechtsdrehung. (Nach Herter.)

die Endolymphe in den Bogengängen mit, da ihre Teilchen durch die Reibung an den Kanalwänden mitgerissen werden. Hört die passive Drehung plötzlich auf, so entsteht daher in den Bogengängen ein Flüssigkeitsstrom im Sinne dieser Drehung; wenn die Drehung nach rechts erfolgte, also nach rechts. Es werden jetzt die Cristen in den Ampullen im entgegengesetzten Sinne beeinflußt wie während der Drehung, so daß die Erregung zu den entgegengesetzten Effektoren fließt. Daher führen gedrehte Tiere gleich nach dem plötzlichen Aufhören der Drehung die entgegengesetzten Bewegungen aus wie bei der Kompensationsdrehung, drehen sich also nach Rechtsdrehung nach rechts (Nachdrehung).

Es ist gleichgültig, ob bei der Drehung das Tier so sitzt, daß es seinen Kopf der Peripherie zuwendet, ob es zur Achse schaut oder eine Zwischenstellung einnimmt, stets erfolgt bei Rechtsdrehung Kompensationsdrehung nach links und Nachdrehung nach rechts. Dies beruht auf folgendem: Ist der Kopf der Peripherie zugewendet (Abb. 55 a), so entsteht bei Rechtsdrehung in den vorderen Teilen der Bogengänge je ein Endolymphstrom entgegen dem Uhrzeiger (größere Pfeile) und in den hinteren ein Strom im entgegengesetzten Sinne (kleinere Pfeile). Der Strom in den vorderen Teilen muß eine größere Geschwindigkeit haben als der in den hinteren, da er weiter von der Drehachse entfernt ist und die Bahngeschwindigkeit mit der Entfernung von der Achse wächst (Bahngeschwindigkeit $= \frac{2 \pi r}{t}$ wobei t = Zeit und r = Entfernung von der Achse ist). Der wirksamere Strom ist daher der vordere, d. h. der im entgegengesetzten Uhrzeigersinne. Dieselbe Überlegung für die übrigen Stellungen (Abb. 55 b bis d) ergibt, daß in allen bei Rechtsdrehung der wirksame Strom in den äußeren Bogengängen im entgegengesetzten Uhrzeigersinne fließt, die Kompensationsdrehung also stets nach links erfolgen muß.

Ein normales Wirbeltier führt bei Drehung nach jeder Seite Kompensationsdrehungen und nach Aufhören der Drehung Nachdrehungen aus. Wird die Sinnesstelle im horizontalen Bogengang einer Seite außer Funktion gesetzt, so führt das Tier bei der Lokomotion häufig Kreise nach der geschädigten Seite aus (Reitbahn- oder Manegebewegungen). Rotiert man es auf einer horizontalen Drehscheibe, so ist das Verhalten je nach der Tierart verschieden. Z. B. zeigen Tauben, bei denen der rechte äußere Bogengang ausgeschaltet ist, bei Rechtsdrehung Kompensations- und Nachdrehung. Das besagt, daß die Sinnesstellen jeder horizontalen Ampulle mit den Muskeln beider Körperseiten nervös verbunden sind und in jedem äußeren Bogengang sowohl der ampullofugale als auch der ampullopetale Strom erregend auf die Cristazellen wirkt. Eidechsen und Froschlarven zeigen bei demselben Versuch bei Rechtsdrehung keine Kompensationsdrehung, jedoch beim Anhalten Nachdrehung. Bei ihnen verläuft also die Erregungsbahn Crista — Muskulatur in der Hauptsache gekreuzt und nur der Strom Kanal — Ampulle wirkt erregend; denn bei Rechtsdrehung fließt in dem allein funktionsfähigen linken Bogengang der Strom ampullofugal (Abb. 55), was keine Reaktion bedingt. Beim Anhalten fließt der Strom ampullopetal was Rechtsdrehung, d. h. Tätigkeit der Muskeln, die Rechtsdrehung verursachen, zur

Abb. 56.

Schema der Reflexbögen bei einem Tier, dem der rechte horizontale Bogengang fehlt. B = linker horizontaler Bogengang, G = Gehirn, M = Muskeln, R = Rückenmark.

Folge hat. Diese Muskeln sind die rechten Hals-, Rumpf- und Schwanzmuskeln, sowie die Beuger der rechten Gliedmaßen (Abb. 56). Bei einem normalen Tier fließt von jeder Crista zu den Muskeln der gekreuzten Seite dauernd Erregung, die einen gewissen Muskeltonus bedingt. Bewegt sich das Tier gradlinig, so entstehen in den Bogengängen Endolymphströme, die die Rezeptoren erregen können, die Erregungen sind aber symmetrisch. Wird das Tier in der Horizontalen gedreht, so wird allein oder vorwiegend die Crista des bei der Drehung vorangehenden Bogenganges erregt, da ihre Haare ampullopetal abgebogen werden (vgl. Abb. 55). Die Muskeln der gekreuzten Seite erhalten mehr Erregung als die der gleichen und veranlassen Kompensationsdrehung. Ist ein äußerer Bogengang funktionslos, so erhält die ihm zugeordnete — also gekreuzte — Drehungsmuskulatur von ihm keine Erregung, es überwiegt der Einfluß der vom anderen Bogengang aus erregten Muskulatur der Defektseite, und das Tier führt Manegebewegungen nach dieser Seite aus (Abb. 56). Die Funktion der vertikalen Bogengänge ist schwerer zu analysieren, sie entspricht prinzipiell der der horizontalen.

Bei vielen Wirbeltieren kann der Erfolg der Bogengangreflexe durch optische Reize z. T. abgeändert werden. Die Kompensationsdrehung wird durch Fixieren der scheinbar bei der Drehung im entgegengesetzten Sinne vorbeibewegten Umweltgegenstände verstärkt, während die Nachdrehung durch das Fixieren feststehender Gegenstände abgeschwächt wird. Die Sinnesstellen der Bogengänge sind ferner mit den Augenmuskeln nervös verbunden, was bestimmte Augenbewegungen bei Drehung bedingt. Bei horizontaler Drehung werden die Augen langsam zurückgedreht und schnellen von Zeit zu Zeit wieder vor (Augennystagmus).

3. Schweresinn

Da die Schwerkraft der Erde ein Dauerreiz ist, der stets in derselben Richtung — nach dem Erdmittelpunkt zu — wirkt, stellt sie einen wichtigen Faktor für die Gleichgewichtserhaltung vieler Tiere da. Sie dient daher auch weitgehend dazu, orientierte Stellungen und Bewegungen in Richtung auf den Erdmittelpunkt herbeizuführen. Festsitzende Tiere verhalten sich dabei wie Pflanzen, sie zeigen in bezug auf die Schwerkraft gerichtete Wachstumsbewegungen. Der

Hauptstamm des Hydroidpolypen *Antennularia* wächst senkrecht nach oben, der Richtung der Schwerkraft entgegen, während die Hydrorhizen senkrecht nach unten wachsen. Georezeptoren kennnt man hier nicht. Bei einigen frei beweglichen Tieren, die gerichtete Schwerereaktionen ausführen, scheinen ebenfalls spezifische Sinnesorgane zu fehlen. Die Einstellung erfolgt entweder rein physikalisch durch die Lage des Schwerpunktes oder durch Reize, die durch Lageverschiebungen der Eingeweide durch die Gravitation gesetzt werden. Bei Tieren, die sich in ihrer Normallage (meist Rücken oben) im labilen Gleichgewicht befinden, also für gewöhnlich eine bestimmte Orientierung zur Richtung der Erdschwere aktiv herstellen müssen, sind meist S c h w e r e r e z e p t o r e n vorhanden. Das Prinzip solcher Organe ist, bis auf wenige Ausnahmen (s. S. 81), stets dasselbe. Ein spezifisch schwerer Körper liegt mehr oder weniger frei beweglich in einem mit Flüssigkeit gefüllten Hohlraum. Die Erdschwere zieht ihn nach unten, so daß er auf reizbare Gebilde drückt oder an ihnen zieht.

Schon bei Protozoen kennt man derartige Einrichtungen. Paramäcien schwimmen in einem senkrechten Glasrohr nach oben (besonders in CO_2-gesättigtem Wasser), verhalten sich also negativ geotaktisch. Gibt man ihnen Eisenstaub, so wird dieser eingestrudelt und in Vakuolen eingeschlossen. Wird nun ein Magnet in die Nähe des Rohres gebracht, so schwimmen die Ciliaten von diesem fort. Ist der Magnet über dem Rohr, so schwimmen sie nach unten, steht er rechts von dem waagerecht gehaltenen Rohr, nach links usw. Das Eisen in den Vakuolen wird von dem Magneten angezogen und drückt auf die dem Magneten nächste Vakuolenwand und die Tiere bewegen sich diesem Druck entgegen. Bei normalen Tieren scheinen die Kristalle in den Exkretvakuolen (s. T. I, S. 129 und Abb. 3) die Einschlußkörper, die nach unten drücken, zu sein.

Die Schweresinnesorgane der M e t a z o e n sind S t a t o c y s t e n, d. h. mit Sinneszellen ausgestattete Blasen, in denen Schweresteinchen (meist aus kohlensaurem Kalk) liegen. Die Einschlußkörper können kompakte Massen (Statolithen) oder durch organische Zwischensubstanz verkittete Kristalle (Statoconien) sein. Im einfachsten Falle hat ein Tier e i n e Statocyste in der Mittellebene seines Körpers. In der Normallage liegt der Einschlußkörper auf der Mitte der unteren Statocystenwand und drückt auf symmetrisch angeordnete Sinneszellen. Es fließen also symmetrische Erregungen zum ZNS und von hier zu den Bewegungsorganen, die dadurch auf beiden Seiten gleichstark tonisiert werden (Abb. 57 a). Wird das Tier aus seiner Normallage gebracht, neigt es sich z. B. nach rechts, so rollt der Statolith nach der geneigten Seite auf den an der rechten Statocystenwand gelegenen tiefsten Punkt der Sinnesblase. Die Sinneszellen der

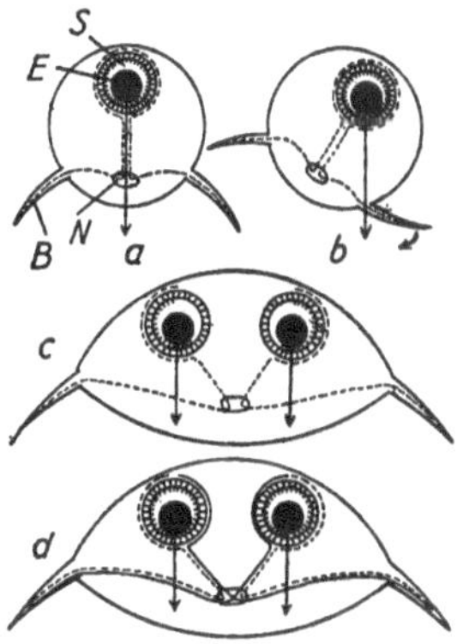

Abb. 57.

a und b) Schema eines Tieres mit einer Statocyste. a) Normallage. b) Rechtsneigung. c und d) Schema eines Tieres mit zwei symmetrischen Statocysten. c) mit ungekreuzten Erregungsbahnen. d) mit z. T. gekreuzten Erregungsbahnen. (Nach Kühn und Herter.) Ungekreuzte Bahnen: gestrichelt, gekreuzte: ausgezogen. Pfeile: = Schwerkraftrichtung. B = Bewegungsorgane, E = schwere Einschlußkörper, N = ZNS, S = Statocyste.

rechten Wand werden gereizt und schicken Erregung zu den rechten Effektoren, die, dadurch in gesteigerte Tätigkeit versetzt (Abb. 57 b), das Tier in die Normallage zurückdrehen (Geotropotaxis). Bei den meisten bilateralsymmetrischen Tieren gibt es zwei symmetrisch gelegene Statocysten. Sie können funktionell je einer halben Einzelstatocyste entsprechen. Die Erregungsbahn von jeder läuft dannn zu den Effektoren der gleichen Körperseite (Abb. 57 c). Bei Neigung wird nur die Statocyste der tiefer liegenden Seite stärker gereizt. Oder aber jede Statocyste kommt physiologisch der ganzen Einzelblase gleich, es laufen auch gekreuzte Erregungsbahnen zu den Effektoren (Abb. 57 d). Bei Neigung werden in beiden Statocysten die Sinneszellen der geneigten Seite erregt. Es genügt hier also eine Statocyste zur Erhaltung der Normallage (doppelseitiger Lenker), während im ersten

Falle jede Blase nur die Neigung nach ihrer Seite kompensieren kann (einseitiger Lenker).

Nach diesem Schema funktionieren die in den Basen der ersten Antennen gelegenen Statocysten des Flußkrebses. Wird ein normaler Krebs an einem Stabe im Wasser nach links geneigt, so rudert er mit den Beinen der linken Seite und stellt die der rechten hoch (Abb. 58 a), er versucht also, die Schieflage zu korrigieren. Wird ihm die rechte Statocyste (durch Abschneiden der rechten 1. Antenne) entfernt und wird er an einem Faden gerade aufgehängt, so macht er dieselben Bewegungen (Abb. 58 b). Beim normalen links geneigten Krebs wird nur (oder stärker) die linke Statocyste gereizt, was Ruderbewegungen der

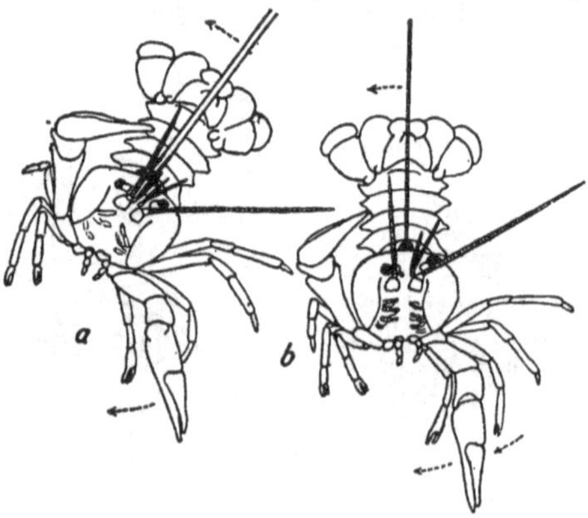

Abb. 58.
a) normaler Flußkrebs, an einem Stabe nach links geneigt, b) rechts statocystenlos, an einem Faden aufgehängt. (Nach K ü h n.)

linken Beine bewirkt. Beim rechts statocystenlosen Krebs fällt die normalerweise von der rechten Statocyste ausgehende Erregung fort, während die der linken bestehen bleibt. Dadurch entsteht ein Erregungsungleichgewicht: die linken Effektoren erhalten stärkere Erregung als die rechten. Der Reflexmechanismus entspricht dem Schema der Abb. 57 c. Die normale statische Raumorientierung beruht demnach auf Erregungsgleichgewicht symmetrischer Rezeptoren, sie ist eine Geotropotaxis. Bei anderen Krebsen, z. B. bei *Mysis*, bei denen zwei symmetrische Statocysten in den Schwanzfächern liegen, kann eine Statocyste allein die Normallage erhalten. Wird einem solchen Krebs, dem die Augen ausgeschaltet sind (da die Orientierung hier auch optisch erfolgt [s. S. 123]), eine Statocyste entfernt, so schwimmt er in normaler Lage. Er ist dagegen völlig unorientiert, wenn auch die andere weggenommen wird. Ein Rezeptor allein kann also die Orientierung erhalten, was dem Schema der Abb. 57 d entspricht. Bei einigen Krebsen (z. B. *Palaemon, Potamobius)* sind die Statocysten offene Gruben in den Basen der 1. Antennen, die mit gehäutet werden. Als Statolithen dienen

Sandkörnchen, die die Krebse sich nach jeder Häutung selbst einführen. Gibt man den frisch gehäuteten Tieren anstatt des Sandes Eisenpulver, so werden Eisenteilchen in die Statocysten gesteckt. Diese „Eisenkrebse" stellen sich bei Beeinflussung durch einen Magneten so ein, daß ihre Symmetrieebenen in die Resultante von Erdschwere und Magnetkraftlinien zu liegen kommen. Bei den radiärsymmetrischen Medusen liegen Georezeptoren (Statocysten oder Randkörper) gleichmäßig verteilt am Glockenrand. Durch Neigung des Tieres werden sie unsymmetrisch erregt und steuern die Schwimmuskulatur so, daß die Qualle in die Normallage zurückgedreht wird.

Der statische Apparat der Wirbeltiere ist im Ohrlabyrinth (s. S. 71) lokalisiert. Er besteht aus 2 oder 3 Paar Sinnesstellen, mit sekundären Sinneszellen, an die Fasern des 8. Hirnnerven herantreten und deren Haare Statolithen (Fische) oder Statoconien tragen. Die Sinneshaare sind in Membranen, die die Steinchen umgeben, verankert. Bei den niederen Wirbeltieren gibt es 3 Sinnesstellen mit Statolithen oder Statoconien: die Macula utriculi im Utriculus (s. S. 71), die Macula sacculi im unteren Teil des Labyrinths, dem

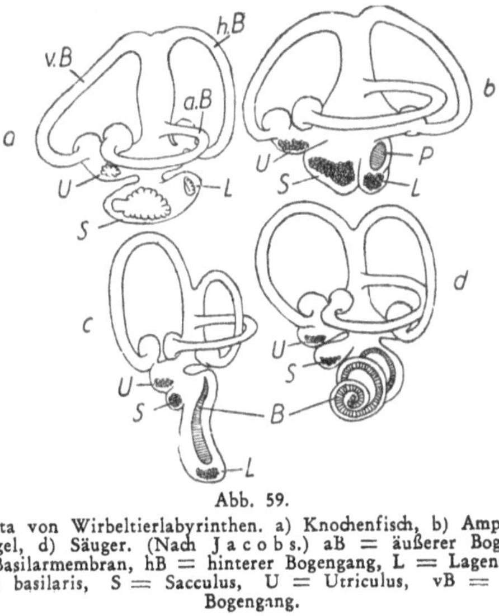

Abb. 59.

Schemata von Wirbeltierlabyrinthen. a) Knochenfisch, b) Amphibium, c) Vogel, d) Säuger. (Nach Jacobs.) aB = äußerer Bogengang, B = Basilarmembran, hB = hinterer Bogengang, L = Lagena, P = Papilla basilaris, S = Sacculus, U = Utriculus, vB = vordere Bogengang.

Sacculus, und die Macula lagenae in der Lagena, einer Ausbuchtung des Sacculus (Abb. 59 a bis c). Bei den höheren Wirbeltieren wird die Lagena zu einem Teil des Gehörorgans (s. S. 85) und verliert die Statoconien, nie nur der Macula utriculi und sacculi bleiben (Abb. 59 d). Die Maculae liegen in verschiedenen Ebenen des Raumes. Wahrscheinlich spielt nur die Sinnesstelle im Utriculus für den Schweresinn eine Rolle.

Auch bei den Vertebraten sind die Georezeptoren tonische Organe, die die Muskelspannung regulieren und tropotaktische

Abb. 60.
Rechtsrollung einer rechtsseitig labyrinthlosen Kaulquappe.

Orientierung zur Erdschwere bedingen. Werden sie beiderseitig völlig ausgeschaltet, so tritt Muskelschwäche und totale Desorientierung ein, wenn nicht durch andere Reize (z. B. Tastreize) Orientierungsmöglichkeit besteht. Einseitige Ausschaltung bewirkt unsymmetrische Ausfallerscheinungen, die — namentlich bei freischwimmenden Wassertieren — in Neigung und Rollung nach der Defektseite bestehen (Abb. 60). Durch das Labyrinth wird auch die normale Kopfhaltung (gewöhnlich mit horizontal stehenden Augen) reguliert (Abb. 61).

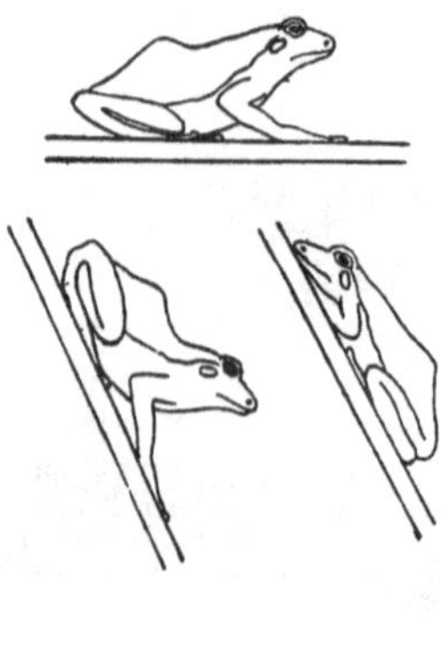

Abb. 61.

Haltung eines Frosches auf verschieden geneigten Flächen. (Nach McNally und Tait.)

Unter den I n s e k t e n, denen im allgemeinen Schweresinnesorgane fehlen, gibt es einige Formen, deren Georezeptoren nach entgegengesetztem Prinzip wie bei den übrigen Tieren funktionieren. Hier werden durch den Auftrieb eines leichten Körpers (Luft) in einem schweren Medium (Wasser) Sinneshaare gereizt.

Derartige Einrichtungen gibt es bei Wasserwanzen der Gattung *Nepa* und *Ranatra* in Gestalt von ventralen mit Luft gefüllten Rinnen am Abdomen, die nach außen durch Deckborsten abgeschlossen sind. An mehreren Stellen sind die Rinnen zu Gruben erweitert, deren Ränder von Sinnesborsten umstellt werden (Abb. 62 a). Bei Stellung des Tieres mit dem Kopf nach oben wird die Luft durch den Auftrieb mehr in die vorderen Sinnesgruben gepreßt, deren Sinnesborsten sie nach außen biegt (Abb. 62 b [1]), während die Luftfüllung der hinteren Gruben vermindert ist, was Einwärtsbiegung der Sinnesborsten verursacht (Abb. 62 b [2]). Bei Stellung mit dem Kopf nach unten dringt die Luft mehr in die hinteren Sinnesgruben und biegt deren Borsten nach außen. Den verschiedenen Körperlagen in der Vertikalen entsprechen also bestimmte Stellungen der Sinnesborsten an den einzelnen Gruben.

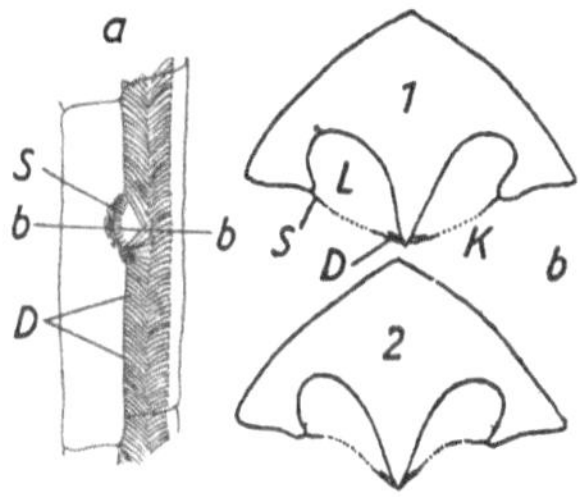

Abb. 62.
Schweresinnesorgane der Wasserwanze *Ranatra linearis*. (Nach B a u n a c k e.) a) abdominale Rinne, b) Schnitt durch a in Linie b—b, D = Deckborsten, K = Kontaktfläche zwischen Luft und Wasser, L = Luft, S = Sinnesborsten.

Sehr viele Tiere — auch solche, von denen man keine Schweresinnesorgane kennt — sind in gewissen physiologischen Zuständen ausgesprochen positiv oder negativ geotaktisch, bewegen sich also nach unten (z. B. viele Erd- oder Schlammwühler, wie der Borstenwurm *Arenicola*, viele Muscheln und Holothurien) oder nach oben (z. B. viele Insekten, Seeigel, Seesterne, manche Schnecken).

4. Gehörsinn

Die dem Gehörsinn adäquaten Reize sind S c h a l l w e l l e n, d. h. longitudinal sich fortpflanzende rhythmische Verdichtungen und Verdünnungen des Mediums, die dadurch entstehen, daß Schwingungen eines elastischen Körpers sich den Teilen des Mediums mitteilen. Physikalisch gliedert sich der Schall in die Bewegung der Mediumteilchen, die Schallschnelle, und in die durch die Bewegungen hervorgerufenen Druckschwankungen, den Schalldruck. Die Schallrezeptoren können entweder hauptsächlich auf die erste oder auf die zweite Größe ansprechen. Bewegungsempfänger sind zarte, beweglich eingelenkte Haare, die mit Sinneszellen in Verbindung stehen und durch die Bewegung der Mediumteilchen in rhythmische Schwingungen versetzt werden. Solche, nach dem Prinzip der Tastborsten (s. S. 61—63 und Abb. 45 c) gebaute Rezeptoren findet man bei vielen Arthropoden, namentlich an den Körperanhängen. In neuester Zeit ist die alte Ansicht, daß manche dieser Haare Schall rezipieren können, experimentell — auch durch den Nachweis von Aktionsströmen — bestätigt worden. Bei den Druckempfängern werden ausgespannte Membranen durch den Schalldruck in rhythmische Schwingungen gebracht, wodurch spezifische Sinneszellen erregt werden. Liegt die Anzahl der Schwingungen pro Sekunde zwischen gewissen Grenzen, so wird das Hörorgan des Menschen in bestimmte Erregung, die Schallempfindung hervorruft, versetzt. Wir wissen nicht, ob die physikalischen Vorgänge, die bei uns Gehörempfindungen erzeugen, dies bei Tieren auch tun, da ein „Schall" auch Tastorgane erregen kann. Gehörsinn und Erschütterungssinn (s. S. 66) sind nicht scharf zu trennen. Dies gilt besonders für die Bewegungsempfänger. Von Druckempfängern kann man im allgemeinen annehmen, daß sie „echte Hörorgane" sind, d. h. daß sie spezifische, für „Schall" charakteristische Erregungen hervorrufen. „Echte Hörorgane" sind nur von Insekten und Wirbeltieren bekannt.

Viele Insekten haben an den verschiedensten Körperstellen (z. B. in den Antennen, Halteren, Mundgliedmaßen, Hinterleibsgliedern, Beinen) sogen. Chordotonalorgane, saitenartig zwischen elastischen Chitinmembranen ausgespannte Zellen. Ein Chordotonalorgan setzt sich aus einer wechselnden (oft sehr großen) Anzahl von Elementen zusammen. Jedes Element besteht aus einer primären Sinneszelle, die an ihrem distalen Ende besondere Differenzierungen (stiftförmige Körper mit Endknöpfen und andere Bildungen) trägt. Sie ist von Deck- und Hüllzellen umgeben und durch Fasern zwischen Chitinwänden ausgespannt (Abb. 63). Die Chordotonalorgane dienen wohl dazu, Bewegungen des eigenen Körpers (z. B. Flügeschwingungen) zu rezipieren (s. auch S. 68). Zu echten Hörorganen — T y m p a n a l o r g a n e n — werden sie erst durch das Hinzukommen weiterer Einrichtungen. Es treten Erweiterungen von Tracheen an die Chordotonalorgane heran. Diese Hohlräume, die durch die zarte aber feste Tracheenmembran voneinander getrennt sind, legen sich nach außen an dünne, ausgespannte Häute der äußeren Körperbedeckung an, die man Trommelfelle nennt. Bei manchen Formen rücken die Tympanalorgane in die Tiefe und sind von Trommelfellhöhlen begrenzt, die nur durch schmale Spalten mit der Außenwelt in Verbindung stehen (Abb. 64). Jedes Trommelfell ist ein Druckempfänger, der die Schalldrücke auf die Tracheenmembran überträgt, somit die Differenzen der an den Trommelfällen angreifenden Schalldrucke erhält (Druckdifferenz- oder Druckgradientenempfänger).

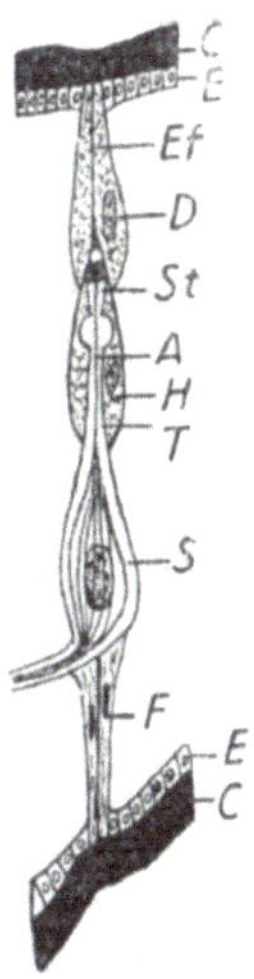

Abb. 63

Schema eines Chordotonal-Elementes. (Nach E i d m a n n.) A = Achsenfaden, C = Chitincuticula, D = Deckzelle, E = Epidermis, Ef = Endfaden, F = Faserzellen (Ligament), H = Hüllzelle, S = Sinneszelle, St = Sinnesstift, T = Terminalstrang.

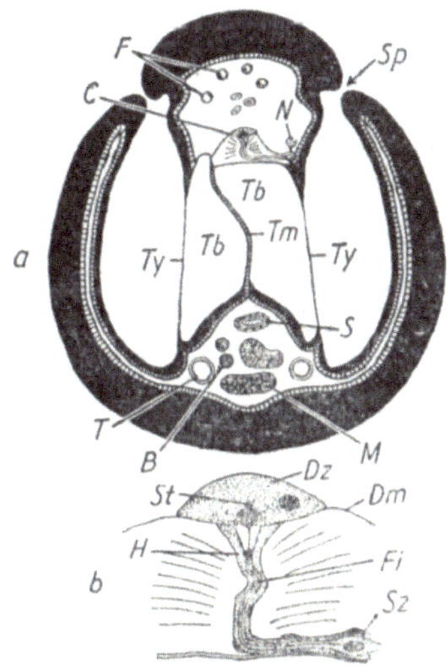

Abb. 64.

Schema des Tympanalorgans der Laubheuschrecke *Decticus*. a) Querschnitt durch eine Vordertibie, b) ein Chordotonalelement. (Nach S c h w a b e.) B = Beinnerv, C = Chordotonalorgan, Dm = Deckmembran, Dz = Deckzelle, F = Fettzellen, Fi = Fibrille, H = Hüllzelle, M = Muskel, N = Chordotonalnerv, S = Sehne, Sp = Spalt, St = Sinnesstift, Sz = Sinneszelle, T = Trachee, Tb = Tracheenblasen, Tm = Tracheenmembran, Ty = Trommelfelle.

Besonders hoch entwickelte Tympanalorgane kommen bei Insekten vor, die selbst Töne hervorbringen (Heuschrecken, Grillen und Cicaden), was schon die Funktion dieser Bildungen als Phonorezeptoren wahrscheinlich macht. Für Heuschrecken und Grillen ist experimentell Hörvermögen nachgewiesen. Die Männchen der Laubheuschrecke *Pholidoptera (Thamnotrizon) aptera* pflegen alternierend zu zirpen, d. h., wenn ein Tier aufhört, beginnt ein anderes; die Tiere „antworten" sich gewissermaßen. Zerstört man die Tympanalorgane, so zirpen sie unabhängig voneinander. Die Männchen der Feldgrille *(Liogryllus campestris)* zirpen mit Hilfe von Schrilleisten an den Flügeln. Daß hierdurch die brünftigen Weibchen angelockt werden und daß sie die Zirptöne mittels der Tympanalorgane rezipieren, zeigen folgende Versuche: Auf zirpende, nicht sichtbare Männchen laufen die Weibchen geradlinig zu. Zirpen die Männchen nicht oder wurden den Weibchen die Tympanalorgane zerstört, so tun sie es nicht. Läßt man ein Männchen in ein Telephon zirpen, so laufen die Weibchen mit Tympanalorganen in einem entfernten Raum auf den Telephonhörer zu. Auch bei anderen Insekten sind Reaktionen auf akustische Reize beobachtet worden. Mit der Aktionsstrommethode ist für die Laubheuschrecke *Tettigonia viridissima* nachgewiesen, daß Schall, der von der Seite, nach der sich die in den Vordertibien liegenden Tympanalorgane öffnen, kommt, mit geringerer Lautstärke rezipiert wird als solcher aus anderer Richtung. Dadurch ist den Tieren ein Mittel zur genauen Richtungslokalisation gegeben. Durch pendelnde Beinbewegungen wird der Schallraum „abgetastet". Die Hörgrenzen liegen bei den Laubheuschrecken viel höher als beim Menschen (16 000 bis 20 000 Hz*)); für *Tettigonia* und *Decticus* zwischen 1000 und 90 000 Hz. Für den Menschen nicht mehr hörbare Töne (Ultraschall) kommen auch in dem Zirpen der Heuschrecken vor. Luftschall unter 1000 Hz rezipieren die Heuschrecken mit den Subgenualorganen (s. S. 67), und zwar als Erschütterungen der Unterlage.

*) Hz = Hertz = Schwingungen pro Sekunde.

Die Gehörorgane der Wirbeltiere lingen in dem unteren Teil des Ohrlabyrinths. Bei Fischen gibt es zwei Sinnesstellen mit Statolithen, die Macula sacculi und lagenae (s. S. 79). Bei den höheren Vertebraten wird die Lagena zum Gehörorgan, an dessen Ausbildung sich noch eine Sacculusausbuchtung, die Papilla basilaris, die zuerst bei den Amphibien auftritt, beteiligt. Bei den Säugern erreicht das Gehörorgan in der Schnecke, der Cochlea, seine komplizierteste Ausgestaltung. Die Cochlea besteht aus einem aufgewundenem, mit Endolymphe gefülltem Schlauch, der mit dem Sacculus in Verbindung steht (Abb. 59 d). Dieser Ductus cochlearis füllt nur die Mitte des knöchernen Schneckenraumes aus, so daß 2 Gänge, die durch eine vorspringende Knochenleiste (Lamina spiralis ossea) und den häutigen Schneckengang selbst voneinander getrennt sind.

Abb. 65.

Schematischer Schnitt durch die Cochlea eines Säugers. B = Basilarmembran, C = Ductus cochlearis, D = Deckmembran, G = Ganglion spirale, H = Haarzellen, L = Lamina spiralis ossea, N = Hörnerv, R = Reissnersche Membran, S = Stützzellen, T = Scala tympani, V = Scala vestibuli.

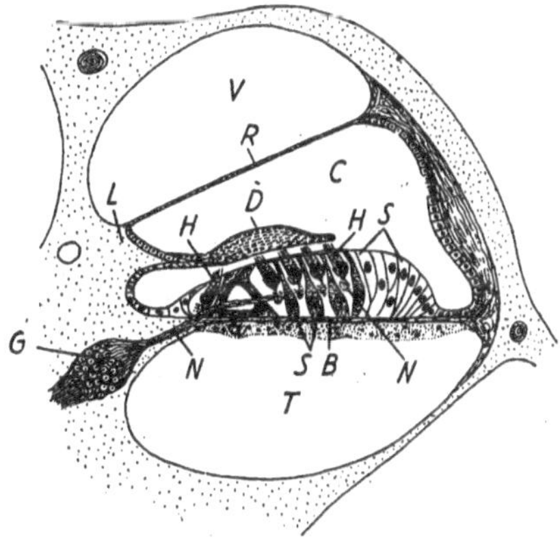

über und unter ihm entstehen (Abb. 65). Der obere, die Scala vestibuli, steht mit den perilymphatischen Räumen des Labyrinths in offener Verbindung, folgt den Schneckenwindungen bis zur Spitze, wo er durch das Helicotrema mit dem unteren Gang, der Scala tympani, kommuniziert. Diese läuft am Ductus cochlearis wieder hinab und endet an der Schneckenbasis, wo sie durch eine elastische Membran, das runde Fenster, gegen die Paukenhöhle abgeschlossen ist (Abb. 66). Der Ductus cochlearis ist von der Scala vestibuli durch die zarte Reissnersche Membran und von der Scala tympani durch die Basilarmembran getrennt. Die Basilarmembran besteht aus einer großen Anzahl feiner radiär ausgespannter Fasern, die nach der Schneckenspitze immer länger werden. Auf diesen Fasern sitzen in dem Ductus cochlearis die Rezeptoren, sekundäre Sinneszellen mit Härchen (Haarzellen), die in verwickelter Weise durch Stützzellen aufgehängt sind (Abb. 65). Von ihnen wird die Erregung durch Fasern des Nervus stato-acusticus abgenommen. Über den Härchen, diese wohl berührend, liegt eine faserige weiche Platte, die Deckmembran, deren innere Kante an der knöchernen Schnecke befestigt ist. Der ganze komplizierte Apparat heißt Cortisches Organ. Das Labyrinth oder innere Ohr ist ganz von Knochen umgeben, bis auf drei Öfnungen: eine für einen vom Sacculus ausgehenden Gang, den Ductus endolymphaticus, der bei Säugern blind in der Schädelhöhle endigt, das schon erwähnte runde Fenster und das ovale Fenster, die beide in die Paukenhöhle, das Mittelohr, schauen. Die mit Luft gefüllte Paukenhöhle steht durch die Eustachische Röhre mit der Rachenhöhle in Verbindung und wird gegen den Gehörgang (wo ein solcher vorhanden ist) durch das Trommelfell abgeschlossen. Vom Trommelfell zum ovalen Fenster zieht sich durch das Mittelohr eine Knochenbrücke, die bei den Säugern aus 3 Stücken, dem Hammer, Amboß und Steigbügel, besteht, während sie bei den übrigen Wirbeltieren nur durch einen Knochen, die Columella, gebildet wird. Eine Endplatte des Steigbügels oder der Columella verschließt das ovale Fenster. Bei Fischen fehlt das Mittelohr, bei Amphibien der Gehörgang, der auch bei Reptilien erst angedeutet ist. Bei Vögeln ist er nur kurz. Bei Säugern ist er lang und außen meist von beweglichen Ohrmuscheln umstellt.

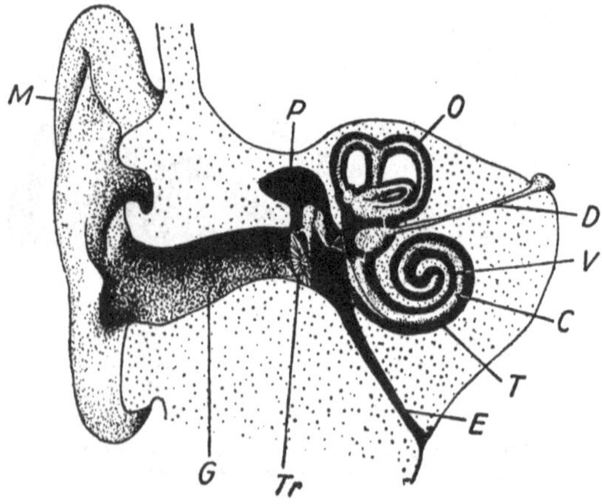

Abb. 66.
Schema des menschlichen Gehörorgans. C = Ductus cochlearis, D = Ductus endolymphaticus, E = Eustachische Röhre, G = Gehörgang, M = Ohrmuschel, O = oberer Teil des Labyrinths, P = Paukenhöhle (darin die Gehörknöchelchen, die das Trommelfell [Tr] mit dem ovalen Fenster verbinden), T = Scala tympani, V = Scala vestibuli.

Schallwellen, die zum Gehörorgan gelangen, werden durch die Ohrmuscheln aufgefangen und durch den Gehörgang zum Trommelfell geleitet, oder sie treffen direkt auf das Trommelfell auf. Diese Membran schwingt mit, wodurch die an ihr befestigte Knochenbrücke in entsprechende Bewegung versetzt wird und die Schwingungen auf das ovale Fenster überträgt. Die das innere Ohr erfüllende Perilymphe erhält dadurch rhythmische Stöße, die sich in der unelastischen Flüssigkeit fortpflanzen, die Scala vestibuli hinaufwandern, durch das Helicotrema in die Scala tympani übertreten, diese hinablaufen und das runde Fenster in die Paukenhöhle ausbuchten. Es laufen also durch die beiden Scalen Wellenbewegungen am Ductus cochlearis entlang, die die Reißnersche Membran, die Endolymphe und die Basilarmembran in Mitschwingung versetzen können. Über die Vorgänge, die die Schwingungen auf die Sinneszellen übertragen, wurden verschiedene Theorien aufgestellt, die jedoch alle das Problem nicht restlos lösen. Die am meisten anerkannten sind die Resonanztheorie und die Schallbildertheorie. Die Resonanztheorie basiert auf der Tatsache, daß die Fasern der Basilarmembran (beim Menschen etwa 20 000) von der Basis zur Spitze an Länge zunehmen (beim Menschen von 0,064 bis 0,48 mm). Sie faßt diese Fasern als Resonatoren auf, deren Eigentöne von der Basis zur Spitze an Höhe abnehmen. Es sollen die durch die Perilymphe auf die Basilarmembran übertragenen Schallwellen nur die Fasern ihrer Eigentöne zum Mitschwingen bringen. Die auf diesen Fasern stehenden Sinneszellen werden dadurch bewegt, wodurch ihre an der feststehenden Deckmembran verschobenen Härchen gereizt und den von den Sinneszellen zum Hirn führenden Hörnervenfasern Erregungen zugeleitet werden. Nach der Schallbildertheorie schwingt die Basilarmembran nicht nur in einzelnen Zonen, sondern wird in ihrer ganzen Länge in Schwingungen versetzt, wobei auf ihr stehende Wellen entstehen, die für jede Tonhöhe charakteristisch sind.

Die meisten Säuger und alle Vögel können hören. Das Hörvermögen der Vögel scheint dem des Menschen sehr ähnlich zu sein, wie schon aus der Nachahmung der menschlichen Sprache durch manche Arten hervorgeht (s. S. 38). Viele Säuger hören bedeutend besser als der Mensch; vor allem liegen die oberen Hörgrenzen bei ihnen viel höher als bei diesem (für Hunde werden 80 000 bis 100 000 und für Fledermäuse 75 000 Hz angegeben). Die Schallokalisation, die durch die Zeitdifferenz zwischen dem Eintreffen des Schalles am rechten und linken Ohr erfolgt, ist bei Hunden und Katzen viel exakter als beim Menschen. Während der kleinste Winkel zwischen Medianebene und Schallquelle, der vom

Menschen unterschieden wird, 4° 18' beträgt, unterscheiden Hunde noch 1° 26' (Zeitdifferenz = 0,007 σ) und Katzen sogar noch 48' (= 0,0028 σ). Fledermäuse erzeugen während des Fluges Töne (die z. T. für uns unhörbar sind), die von festen Körpern reflektiert und von den Tieren selbst akustisch wahrgenommen werden und sie befähigen, die Hindernisse zu vermeiden. Auch Wale haben ein feines Gehör. Durch die Dressurmethode, Änderung der Atemfrequenz beim Erklingen von Tönen und durch Ableitung von Aktionsströmen ist für Eidechsen, Krokodile und Schildkröten Hörvermögen erwiesen. Dagegen sind Schlangen taub. Froschlurche können hören, und kürzlich ist es gelungen, Urodelenlarven auf Töne zu dressieren. Bei den Fischen fehlen die Trommelfelle, die Gehörknöchelchen, und der Schnecke entsprechende Organe Trotzdem können viele von ihnen gut hören und lassen sich auf verschiedene Töne dressieren. Bei Ellritzen und Zwergwelsen ist der Umfang des Hörvermögens ähnlich wie beim Menschen. Diese Fische gehören zu den Ostariophysen, bei denen ein mit dem Labyrinth zusammenhängender Perilymphraum (Sinus impar) durch die Weberschen Knöchelchen (s. Teil 1, S. 103) mit der Schwimmblase verbunden ist (Abbildung 67). Bei den übrigen Fischen ist das Hörvermögen nur schwach, ebenso bei Ostariophysen, denen die Weberschen Knöchelchen entfernt wurden. Die Schwimmblase scheint ein Empfänger für Wasserschall zu sein. Die Rezeptoren sind Sinneszellen in der Macula sacculi und lagenae.

Abb. 67.

Die knöcherne Verbindung (schwarz) zwischen Labyrinth (L) und Schwimmblase (Sch) bei einem Knochenfisch. (Nach v. Frisch.) C = Canalis transversus, S = Sinus impar.

c) Die Physiologie der thermischen Reizung

Die Energieform „Wärme" ist in den Umwelten der lebenden Organismen stets vorhanden, da der absolute Nullpunkt (—273,2° C) biologisch nicht in Betracht kommt. Aktives tierisches Leben ist jedoch nur in einem recht engen Temperaturbereich möglich, im allgemeinen zwischen + 50 und ± 0° C. Nur wenige Poikilotherme (manche Protozoen, Käfer und Schnecken, die in heißen Quellen vorkommen) können auf die Dauer bei höheren Temperaturen leben oder sind bei tieferen aktiv (Frostspanner, Winterhafte *(Boreus)*, manche Collembolen). Die Homoiothermen sind durch die Konstanz ihrer Körpertemperaturen imstande, noch bei erheblich tieferen Temperaturen zu leben; jedoch ist diese Fähigkeit durch die begrenzte Wärmeregulation (s. Teil I, S. 139) auch nur beschränkt. Es ist daher selbstverständlich, daß alle oder die meisten Tiere thermische Reize rezipieren können, da es ihnen nur dadurch möglich ist, die verderblichen Temperaturgrenzen zu vermeiden oder in die für sie günstigsten Wärmegebiete zu gelangen.

Thermorezeptoren sind bei keinem Tier mit Sicherheit bekannt. Bei Arthropoden könnten primäre Sinneszellen, deren Fortsätze in den Porenkanälen (s. S. 61) dicht unter die Oberflache reichen, dafür in Betracht kommen, während bei den anderen Tieren Temperaturdifferenzen wahrscheinlich durch freie Nervenendigungen in der Haut rezipiert werden. Beim Menschen gibt es punktförmige Hautstellen (Temperaturpunkte), die allein für Temperaturreize empfänglich sind. Einige erzeugen bei Berührung mit „warmen" Körpern die Empfindung „warm" (Wärmepunkte), andere bei Berührung mit „kalten" die Empfindung „kalt" (Kältepunkte). Als Rezeptoren kommen vielleicht aufgeknäulte Nervenendigungen in Frage, und zwar für den Wärmesinn die Ruffinischen Körper und für den Kältesinn die oberflächlicher liegenden Krauseschen Körper. Die Qualitäten „warm" und „kalt" hängen von der Hauttemperatur ab. Bei einer Eigentemperatur der Beugefläche des Unterarmes von + 33 ⁰ C lagen die Reizschwellen der Wärmepunkte zwischen + 34,3 und + 36 ⁰, die der Kältepunkte zwischen + 32 und + 30,5 ⁰ C. Die Temperaturpunkte sind regional verschieden verteilt. Bei Fischen wurden Wärmepunkte am Kopf gefunden und bei Fröschen Wärme- und Kältepunkte, die am Kopf dichter als am übrigen Körper zu stehen scheinen. Bei den meisten Tieren sind die einzelnen Körperbezirke verschieden stark thermisch reizbar. Bei Arthropoden sind besonders die Körperanhänge (Antennen, Cerci, Mundgliedmaßen, Tarsen) empfindlich, so daß wahrscheinlich in ihnen viele oder sehr empfindliche Thermorezeptoren liegen.

Man kann ungerichtete und gerichtete Temperaturreize unterscheiden. Auf ungerichtete starke Wärmereize antworten die meisten Tiere durch unorientierte Bewegungen, die bei Poikilothermen mit steigender Temperatur bis zu einer artlich verschieden hohen Grenze an Heftigkeit zunehmen, bis eine — zunächst noch reversible — Wärmestarre eintritt. Mit sinkender Temperatur nimmt die Beweglichkeit ab, und die Tiere fallen schließlich in Kältestarre. Lokale starke thermische Reizung hat im allgemeinen ein Ausweichen oder Zurückziehen des betroffenen Körperteiles zur Folge. Bei einigen Tieren (Fröschen, Egeln, Regenwürmern) liegen die Schwellenwerte der Reiztemperaturen, die diese Reaktionen verursachen, bei bestimmten, artlich konstanten Wärmegraden und sind unabhängig von der Umgebungstemperatur (Adaptationstemperatur). Auch für Menschen ist nachgewiesen, daß die Reiztemperatur für einen bestimmten Effekt konstant und unabhängig von der Außentemperatur ist.

In den natürlichen Biotopen der Tiere ist die Temperaturverteilung selbst auf kleinstem Raum fast nie ganz gleichmäßig. Durch die stets wechselnde Sonnenstrahlung, die verschiedene Wärmekapazität und -leitfähigkeit der Medien und Substrate, die schwankenden Luft- oder Wasserströmungen, verschiedenen Pflanzenwuchs usw. entstehen Temperaturgefälle, in denen sich die Tiere thermotaktisch orientieren können. Oft läßt sich beobachten, daß sie vor bestimmten hohen und tiefen Wärmegraden zurückschrecken und in einem dazwischen liegenden Temperaturgebiet zur Ruhe kommen. Die Thermotaxis läßt die Tiere also schädliche Tem-

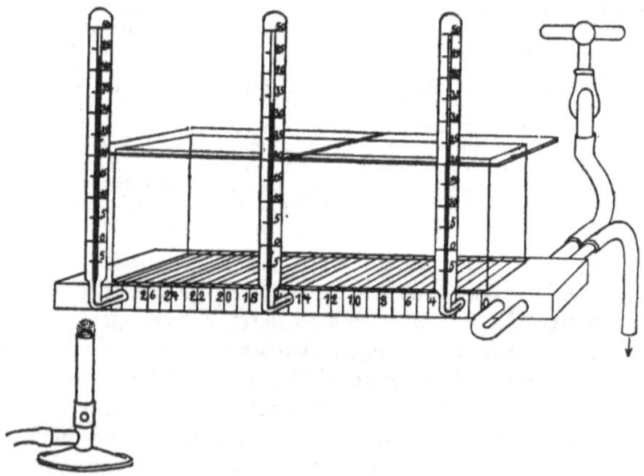

Abb. 68.

Schema einer Temperaturorgel. Links: Erwärmung des Metallbodens durch Gasflamme, rechts: Abkühlung durch Leitungswasser.

peraturen vermeiden und führt sie in für sie günstige Temperaturgebiete oder hält sie darin fest. Man ermittelt diese **Vorzugstemperatur** (VT), das thermotaktische Optinum, indem man die Tiere in ein künstliches meßbares Temperaturgefälle bringt und beobachtet, in welcher Temperaturzone sie sich längere Zeit aufhalten oder zur Ruhe

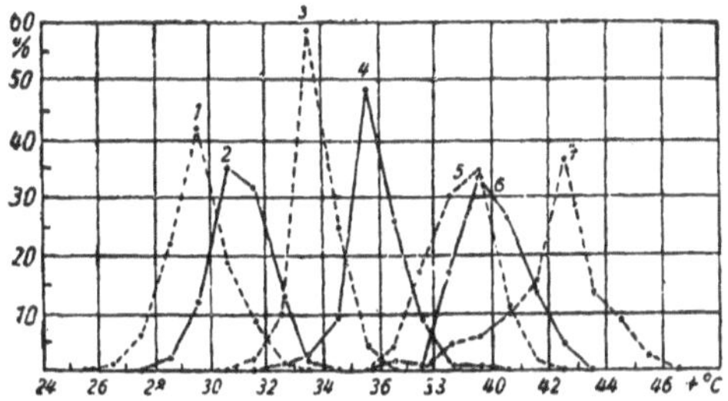

Abb. 69.

Streuungskurven der Vorzugstemperaturwerte einiger Insekten (Vorratsschädlinge). Abszisse: Bodentemperaturen, Ordinate: Anzahl der Beobachtungen in Prozent. 1: *Dermestes lardarius* (Speckkäfer), 2: *Blatta orientalis* (Küchenschabe), 3: *Phyllodromia germanica* (Deutsche Schabe), 4: *Gryllus domesticus* (Heimchen), 5: *Calandra granaria* (Kornkäfer), 6: *Calandra oryzae* (Reiskäfer), 7: *Zabrotes subfasciatus* (Brasilbohnenkäfer). (Nach Herter.)

kommen. Die Herstellung brauchbarer Temperaturgefälle ist schwierig, da die Konvektionsströmungen in den einseitig erwärmten Medien und andere physikalische Faktoren stören. Für Landtiere hat sich die „Temperaturorgel" (Abb. 68) bewährt, ein langer Glaskäfig mit Metallboden, der an einem Ende erwärmt, am anderen abgekühlt wird. In dem Metallboden mit Einteilung stecken in bestimmten Abständen Thermometer, so daß die **Boden**temperaturen an den Aufenthaltsorten der Tiere jederzeit leicht feststellbar sind. Viele Ablesungen (n) ergeben Zahlenreihen, aus denen sich der variationsstatistische Mittelwert (M ± 3m) für die VT und eine Streuungskurve (Abb. 69) ermitteln läßt. Die Tabelle gibt einige Beispiele für solche Mittelwerte wieder.

Nr.	Tierarten	Vorzugstemp. $M \pm 3m = + {}^0C$	n	Biotope
1	*Microtus arvalis* (Feldmaus)	35,05 ± 0,30	200	Felder und Wiesen
2	*Arvicola scherman* („Wasserratte")	28,30 ± 0,35	150	Feuchte Wiesen, in Erde
3	*Mus musculus* Graue Hausmaus	37,34 ± 0,06	2598	Gebäude
4	Weiße Hausmaus	34,61 ± 0,07	2650	Laboratoriumszuchten
5	*Plecotus auritus* (Langrohr-Fledermaus)	39,46 ± 0,55	150	Hohle Bäume, Dachböden (Tagesschlaf)
6	*Myotis dasycneme* (Teich-Fledermaus)	42,04 ± 0,52	100	Hohle Bäume (Tagesschlaf)
7	*Agama stellio* (Hardun-Echse)	45,59 ± 0,33	100	Nordafrikanische Wüsten (am Tage aktiv)
8	*Tarentola mauritanica* (Mauergecko)	37,00 ± 0,23	100	Mittelmeergebiet, in Höhlen, Häusern usw. (Nachts aktiv)
9	*Lacerta viridis* (Smaragdeidechse)	41,29 ± 0,26	200	Südeuropa, auf sonnigen Hängen
10	*Lacerta agilis* (Zauneidechse)	38,57 ± 0,22	200	Trockene Wiesen, Bahndämme usw.
11	*Lacerta vivipara* (Mooreidechse)	37,37 ± 0,16	200	Feuchte Wiesen, Moore usw.
12	*Anguis fragilis* (Blindschleiche)	28,38 ± 0,29	500	Hauptsächlich Wald
13	*Bufo bufo* (Erdkröte)	27,9 ± 0,54	250	Wälder, Gärten usw.
14	*Bufo viridis* (Wechselkröte)	32,9 ± 0,65	300	Kiesgruben, steppenartiges Gelände
15	*Buthus quinquestriatus* (Skorpion)	44,70 ± 0,27	100	Nordafrikanische Wüsten, unter Steinen usw.
16	*Euscorpius carpathicus* (Skorpion)	34,60 ± 0,19	200	Südeuropa, feuchte Wiesen, unter Steinen usw.
17	*Calliptamus italicus* (Feldheuschrecke)	45,54 ± 0,21	350	Steppenartiges Gelände
18	*Platycleis grisea* (Laubheuschrecke)	43,17 ± 0,26	150	Steppenartiges Gelände
19	*Liogryllus campestris* (Feldgrillle)	37,01 ± 0,18	200	Steppenartiges Gelände, trockene Wiesen, in Erdlöchern
20	*Cicindela-hybrida* (Sandlaufkäfer)	44,03 ± 0,25	200	Steppenartiges Gelände
21	*Carabus granulatus* (Laufkäfer)	29,87 ± 0,31	100	Feuchte Wiesen, Wälder usw.
22	*Dytiscus marginalis* (Schwimmkäfer)	24,96 ± 0,18	200	Gewässer
23	*Adesmia metallica* (Schwarzkäfer)	49,14 ± 0,50	50	Nordafrikanische Wüsten am Tage aktiv
24	*Blaps mortisaga* (Schwarzkäfer)	21,53 ± 0,69	100	Europa, in Kellern und an anderen kühlen und feuchten Orten
25	*Boreus hiemalis* (Winterhaft)	9,81 ± 0,18	350	Im Winter auf Schnee
26	*Operophthera brumata (Frostspanner)*	6,04 ± 0,23	150	Im Winter an Bäumen

Ausgedehnte Versuche haben ergeben, daß die VT-Höhen bei den meisten Tieren artlich oder rassisch innerhalb gewisser Reaktionsnormen konstant sind und daher erbliche Merkmale darstellen. Wie die Tabelle (Nr. 3 und 4) zeigt, ist die VT der grauen Hausmaus + 37,34 und die der weißen + 34,61. 17 F_1-Bastarde der beiden Formen ergaben den Mittelwert + 34,76 ± 0,12 ° C, während von 19 F_2-Bastarden 12 den Wert + 34,62 ± 0,11 und 7 den Wert + 37,16 ± 0,15 ° C hatten. Die VT-Höhe verhält sich also wie ein mendelndes körperliches Merkmal; und zwar ergab sich im Falle der Mäuse, daß sie demselben Erbgang folgt wie die Haardichte und die Epidermisdicke. Die grauen Mäuse haben ein dichteres Bauchfell und eine dünnere Bauchepidermis als die weißen, worauf wohl die Unterschiede in den VT-Höhen der beiden Formen beruhen. Die artlichen VT-Höhen zeigen oft Beziehungen zu der stammesgeschichtlichen Stellung der betreffenden Tierformen. Fledermäuse (Tabelle Nr. 5 und 6) haben meist höhere Werte als Mäuse (Nr. 1 bis 4), Feldheuschrecken (Nr. 17) höhere als Laubheuschrecken (Nr. 18), Eidechsen höhere als Schlangen, Bockkäfer höhere als Laufkäfer usw. Im allgemeinen bestehen Beziehungen zwischen der Stammesgeschichte und der geographischen Verbreitung der Tiergruppen. Gruppen aus warmen Entstehungszentren bewohnen meist wärmere Zonen als solche aus kühlen und bevorzugen höhere Temperaturen als diese. Besonders deutlich sind die Beziehungen zwischen den VT-Höhen und den Biotopen und der Lebensweise der einzelnen Tierarten. Arten aus warmen und trockenen Biotopen, die am Tage aktiv sind, haben höhere VT-Werte als verwandte nächtlich lebende Formen aus kühlen Lebensräumen (vgl. in der Tabelle Nr. 1 und 2, 7 bis 12, 13 und 14, 15 und 16, 20 bis 22, 23 und 24). Die tiefsten Werte wurden bei Insekten ermittelt, die im nordischen Winter aktiv sind (Nr. 25 und 26). Larven, die in anderen Biotopen als die Imagines leben, können ganz andere VT-Werte haben als diese. Die Larven von *Boreus hiemalis* kommen im Sommer an Mooswurzeln auf warmem, steppenartigem Gelände vor; sie ergaben den VT-Wert + 33,83 ± 0,25 ° (vgl. Tabelle Nr. 25).

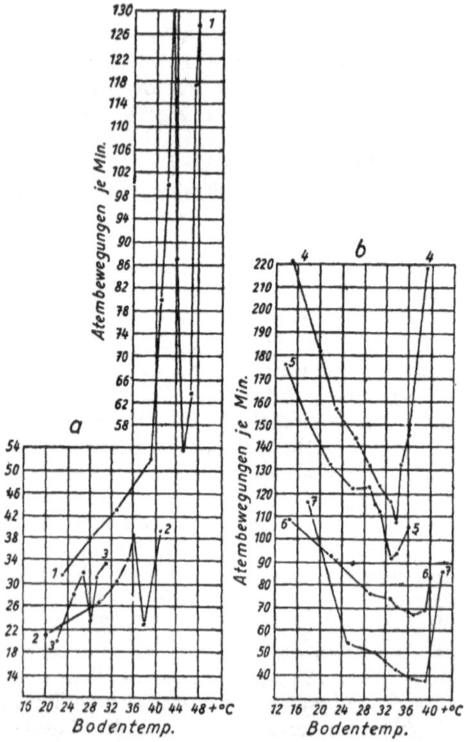

Abb. 70.

Anzahl der Atembewegungen pro Minute (Ordinaten) bei verschiedenen Bodentemperaturen (Abszissen). a) Reptilien: 1: Hardun-Echse (*Agama stellio*) (V. T.: + 45,59° C) 2: Zauneidechse (*Lacerta agilis*) (V. T.: + 38,57° C),) 3: Blindschleiche *Anguis fragilis*) (V. T.: + 28,38° C). b) Nager: 4: Weiße Hausmaus (V. T.: + 34,61° C), 5: Rötelmaus (*Evotomys glareolus*) (V. T.: + 32,32° C), 6: Graue Hausmaus (*Mus musculus*) (V. T.: + 37,34° C), 7: Gartenschläfer (*Eliomys quercinus*) (V. T.: + 39,41° C.). (Nach H e r t e r.)

Die VT ist das Wärmegebiet, in dem das Tier in einem aktiven Zustand am meisten Energie spart, d. h. in dem ihm aus der Umgebung eine optimale Energiemenge (in Form von Wärme) zufließt. Bei Poikilothermen kann sich dies darin äußern, daß die Atemfrequenz (also der O_2-Verbrauch), die mit steigernder Temperatur zunimmt, in dem artlichen VT-Gebiet geringer ist als bei tieferen und höheren Temperaturen (Abb. 70 a). Bei Homoiothermen nimmt die Atemfrequenz mit steigender Temperatur ab, bis zu dem artlichen VT-Gebiet, dann nimmt sie erheblich zu (Abb. 70 b). Bei ihnen ist die VT das Temperaturgebiet, in dem dem Körper durch die Unterlage soviel Wärme zugeführt oder entzogen wird, daß er mit dem geringsten Energieaufwand seine artliche Eigentemperatur konstant erhalten kann.

Besondere Bedeutung hat der Temperatursinn bei den sozialen Insekten, die aktiv die Wärmeverhältnisse in ihren Nestern regulieren (s. Teil 1, S. 137). Bei den Honigbienen ist diese soziale Wärmeregulation am weitesten entwickelt. Die Arbeiterinnen erhalten im Sommer die optimale Entwicklungstemperatur für die Brut (+ 32 bis + 36 ° C) aufrecht. In der kalten Jahreszeit schließen sie sich zu der „Wintertraube" zusammen, in der sie ein Wärmeniveau erzeugen, das Überwinterung im aktiven Zustand ermöglicht. Ameisen regulieren im Sommer ebenfalls die Stocktemperaturen, im Winter, in dem sie in Kältestarre fallen, jedoch nicht. Ihr thermisches Unterscheidungsvermögen ist sehr fein. Arbeiterinnen von *Formica rufa* reagieren auf Temperaturdifferenzen von weniger als ¼ ° C.

Bei Parasiten an Homoiothermen hat der Temperatursinn noch die Aufgabe, die Auffindung der Wirte, deren Oberflächentemperaturen höher als die Umgebungstemperaturen sind, zu erleichtern oder zu ermöglichen. Hautwanzen und Tierläuse werden, wenn sie hungrig sind, durch warme Gegenstände angelockt und lassen sich durch einen erwärmten Glasstab, den man langsam vor ihnen bewegt, umherführen. Bei den meisten hungrigen Ektoparasiten ist die experimentell ermittelte VT etwa so hoch, wie die Oberflächentemperatur der Hauptwirte. Bei temporären Schmarotzern, die die Wirte bloß zur Nahrungsaufnahme befallen, haben satte Tiere eine tiefere VT als hungrige, was sie veranlaßt, die warmen Wirte wieder zu verlassen. Beispiele, die diese Beziehungen zeigen, gibt die Tabelle.

Nr.	Parasitenart	Vorzugstemp. $M \pm 3m = +^{0}C$	Hauptwirte	Oberflächentemperaturen der Hauptwirte (+ ° C)
1	*Argas reflexus* (Taubenzecke)	hungrig: 43,20 ± 0,31 satt: 27,07 ± 0,34	Vögel	41 bis 43
2	*Lineurus baculus* (Federling)	42,36 ± 0,19		
3	*Ceratophyllus gallinae* (Vogelfloh)	42,88 ± 0,32		
4	*Archaeopsylla erinacei* (Igelfloh)	33 bis 35,13	Igel	34.75 bis 36.50 im Sommer 33.5 bis 35.5 im Winter
5	*Cimex pipistrelli* (Fledermauswanze)	37,05 ± 0,46	Fledermäuse	36 bis 40
6	*Nycteribia pedicularia* (Fledermausfliege)	39,13 ± 0,28		
7	*Ischnopsyllus elongatus* (Fledermausfloh)	40,04 ± 0,53		
8	*Ischnopsyllus octactenus* (Fledermausfloh)	39,44 ± 0,52		
9	*Spinturnix murinus* (Fledermausmilbe)	40,11 ± 0,34		
10	*Ctenocephalides canis* (Hundefloh)	38,13 ± 0,37	Haushund	In Leistengegend 37.0 bis 38.2
11	*Haematopinus suis* (Schweinelaus)	28,85 ± 0,19	Hausschwein	27,9
12	*Melophagus ovinus* (Schaflausfliege)	37,89 ± 0,42	Hausschaf	In Leistengegend: 38,2 bis 38,6
13	*Rhiphicephalus bursa* (Zecke)	39,33 ± 0,27		
14	*Haematomyzus elephantis* (Elefantenlaus)	30,31 ± 0,22	Elefant	An Ohrspitze: 31,5
15	*Ornithodorus moubata* (Afrikanische Zecke)	hungrig: 34,37 ± 0,30 satt: 30,68 ± 0,31	Mensch	Bei Umgebungstemperaruren von: 15° : 30 17° : 31 20° : 32 24° : 33 25° : 33,5 30° : 35
16	*Pediculus vestimenti* (Kleiderlaus)	32,46 ± 0,44		
17	*Pediculus capiti* (Kopflaus)	27,82 ± 0,26		
18	*Cimex lectularius* (Bettwanze)	hungrig: 32,78 ± 0,25 satt: 27,69 ± 0,13		
19	*Cimex rotundatus* (Tropische Bettwanze)	hungrig: 35,69 ± 0,55		

Nr.	Parasitenart	Vorzugstemp. $M \pm 3m = +{}^{0}C$	Hauptwirte	Oberflächentemperaturen der Hauptwirte (+ °C)
20	*Rhodnius prolixus* (Wanze aus Venezuela)	hungrig: 35,34 ± 0,12 satt: 31,24 ± 0,15	Mensch	
21	*Triatoma dimidiata* (Wanze aus S. Salvador)	hungrig: 34,69 ± 0,14 satt: 30,64 ± 0,15	Mensch	
22	*Triatoma flavida* (Wanze von Kuba)	hungrig: 34,72 ± 0,21 satt: 31,33 ± 0,21	Mensch	
23	*Triatoma rubrofasciata* (Wanze von Formosa)	hungrig: 34,61 ± 0,19 satt: 31,09 ± 0,19	Mensch	

d) Die Physiologie der chemischen Reizung

Viele Stoffe geben Teilchen in das Medium ab. Gelangen diese auf bestimmte Sinnesorgane, so können sie als Reize wirken und gewisse Erregungen hervorrufen. Das Medium, das chemischen Reizstoffen als Transportmittel dient, ist die Luft oder eine Flüssigkeit, meist das Wasser. Rezeptionsvermögen für gewisse chemische Stoffe kommt den meisten, wenn nicht allen Tieren, zu.

Von Einzellern sind Chemorezeptoren nicht bekannt, jedoch sind viele Formen chemisch reizbar. Chemophobotaxis, die Protozoen in einer bestimmten Konzentrationszone eines Stoffes festhält, ist oft zu beobachten. Bringt man unter das Deckglas zu vielen Paramäcien ein Bläschen CO_2 in das Wasser, so wird dies bald von einer durcheinanderwimmelnden Protozoenschar umringt (Abb. 71 a). Mit der Zeit diffundiert CO_2 in das Wasser, so daß in der Umgebung der Blase ein von innen nach außen abnehmendes Konzentrationsgefälle entsteht, das immer mehr nach außen wandert. Die für die Paramäcien optimale Konzentration bewegt sich dadurch langsam von der Blase weg, was daran zu erkennen ist, daß die ringförmige Ansammlung sich immer weiter von der Blase entfernt (Abb. 71 b u. c). Gegenüber anderen schwachen Säuren und gegen Sauerstoff (Aerotaxis) verhalten sich Protozoen ähnlich. Basen und Salze wirken im allgemeinen „schreckend", es erfolgt keine Ansammlung in einer optimalen Konzentrationszone. Bei niederen Metazoen kommen Chemorezeptoren vor, die als primäre Sinneszellen, oft mit Stiftchen versehen, einzeln oder in Gruppen an sehr verschiedenen Körperstellen stehen können. Solche Einzelzellen sind bei

Cölenteraten über die ganze Oberfläche verteilt. Inwieweit sie Chemorezeptoren sind, ist nicht entschieden. Bei Würmern stehen knospenartig angeordnete Sinneszellen (Abb. 72) in regional verschiedener Dichtigkeit in der Haut oder bilden „Wimpergruben" (Turbellarien, Polychaeten), die paarig am Vorderende liegen. Wahrscheinlich handelt es sich um Chemorezeptoren. Bei Landschnecken sind Sinneszellen, die man für im Dienste des chemischen Sinnes stehend ansieht, über den ganzen Körper verteilt; sie sind an den Tentakeln besonders zahlreich. Viele Wasserschnecken haben sog. „Osphradien", in der Nähe der Kiemen liegende, mit Flimmerepithel und Sinneszellen reichlich ausgestattete Wülste, die wenigstens z. T. sicher Chemorezeptoren sind. Viele Krebse haben dünnhäutige Chitinkegel, in die Fortsätze von Sinneszellen hineinziehen und die der Rezeption chemischer Reize dienen. Besonders zahlreich sind sie an den Antennen. Von Echinodermen sind keine chemischen Sinnesorgane bekannt, jedoch zeigen Stachelhäuter chemische Reizbarkeit, deren Sitz vorwiegend in den Ambularkralfüßchen zu suchen ist.

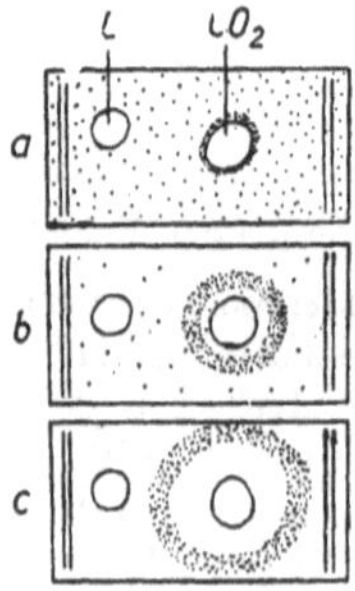

Abb. 71.

Ansammlung von Infusorien (*Paramaecium*) um eine CO_2-Blase. (Nach Jennings.) a) 2 Minuten nach Einführung von CO_2. b) 2 Minuten später, c) 18 Minuten später, L = Luftblase.

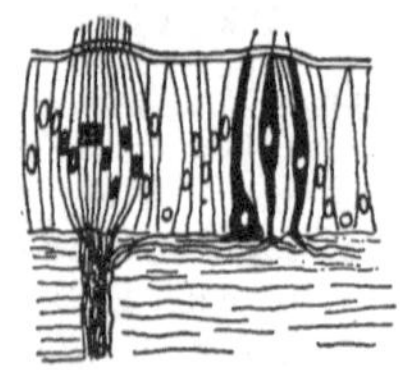

Abb. 72.

Sinnesknospen aus der Epidermis des Regenwurms. (Nach Hesse.) Schwarz: elektiv gefärbte Sinneszellen.

Reaktionen auf chemische Reize kennt man von vielen Vertretern der obengenannten Tiergruppen.

Bei Medusen lösen Stoffe, die von Nahrungskörpern aus durch das Wasser diffundieren, Fang- und Freßreflexe aus (s. S. 32). Hydren und Aktinien führen mit den Tentakeln „suchende" Bewegungen aus, wenn Fleischsaft in ihre Nähe gebracht wird. Sie ergreifen und verschlingen Filtrierpapier, das mit solchem Saft durchtränkt ist. Planarien und andere Würmer (z. B. *Nereis)* werden durch Diffusionsströme von Nahrungsstoffen zum Verlassen ihrer Verstecke und zum Aufsuchen der Beute veranlaßt. Bei *Planaria alpina* scheint für die Auffindung der

Nahrung der Mittelteil des Vorderrandes wesentlich zu sein. In Pflanzenwurzeln schmarotzende Nematoden reagieren positiv chemotaktisch gegen die Stoffwechselprodukte von Wurzeln. Ähnlich verhalten sich Regenwürmer vegetabilischen Stoffen (Kohl und Zwiebeln) gegenüber. Sie kontrahieren sich, wenn man sie mit Salzlösungen oder anderen Chemikalien betupft, und zwar ist die Reizschwelle am Vorderende am niedrigsten und in der Mitte am höchsten, was mit der Verteilung der Sinneszellen gut übereinstimmt. Die Nacktschnecke *Limax* kriecht auf ziemlich große Entfernungen auf einen Pilz *(Peziza)* los, wenn man sie über ihn hin anhaucht. Ähnlich rezipiert *Helix* stark riechende Früchte (z. B. Melonen) auf Entfernungen bis zu ½ m. Auf Kamillenessenz reagiert sie durch Kontraktion der gereizten Körperstelle, und zwar an den großen Tentakeln auf eine Entfernung von 4 mm, an den kleinen auf 2 bis 3 mm, an den Lippen auf 3 mm, am Fußrand auf 2 mm und am Rücken auf 1 mm. Kommt die Wasserschnecke *Physa* mit dem Schneckenegel *Glossiphonia* in Berührung, so macht sie schlagende Abwehrbewegungen. Das gleiche tut sie bei Berührung mit einem Stäbchen, mit dem vorher über einen solchen Egel gestrichen wurde. Viele Raubschnecken des Meeres finden auf größere Entfernungen die Beute, indem sie mit vorgestrecktem Atemsipho umherkriechen, wobei sie einen Wasserstrom durch dieses Rohr in ihre Mantelhöhle leiten. Kommen sie dabei in das chemische Konzentrationsgefälle von Nahrung, so wenden sie sich diesem entgegen. Auf diese Weise reagiert *Busycon canaliculatum* auf Austernsaft; wird das Osphradium zerstört, so erlischt diese Fähigkeit. Die Kammuschel *Pecten* schwimmt bei der Annäherung eines Seesterns, oder wenn ihr Seesternsaft an den Mantelrand gebracht wird, davon. Cephalopoden lassen sich in Köderkörben fangen, und ein geblendeter *Octopus* findet einen toten Fisch auf ⅓ m Entfernung und mehr. Die chemische Reizbarkeit ist über den ganzen Körper verteilt und zeigt sich auch noch an abgeschnittenen Armen. Ähnlich verhalten sich viele Krebse, die ebenfalls (z. B. Hummer und Flußkrebs) durch Ködern erbeutet werden. Bringt man in ein Becken mit Mysideen einen zerquetschten Krebs, ein Stück Fischfleisch oder dergl., so sammeln sich bald alle Krebschen in dem Diffusionsgefälle dieser Nahrungskörper. Läßt man einen Blutegel *(Hirudo medicinalis)* durch eine tierische Membran Blut aus einer Glasröhre saugen und ersetzt ohne Störung die Flüssigkeit durch physiologische Kochsalzlösung, so wird auch diese angenommen. Verdünnt man die Lösung bis zu reinem Wasser, so saugt der Egel ruhig weiter. Wird die Lösung verstärkt, so läßt er bei Konzentrationen von 5 bis 7 % los. Ebenso verweigert er die Annahme von 0,08 bis 0,1 prozentiger Chininsulfat- oder 5 prozentiger Zuckerlösung. Viele Egel setzen sich an Gegenstände, die man vorher mit Wirts- oder Beutetieren in Berührung brachte, an und versuchen an ihnen zu saugen. *Hirudo* tut das bei einem Glasstab, den ein Mensch 1 Minute in der Achselhöhle gehalten hatte. Der Fischegel *Hemiclepsis marginata* reagiert auf eine ins Wasser geträufelte Fischschleimlösung durch Suchbewegungen und Umhergehen, jedoch nicht durch gerichtetes Ansteuern des Konzentrationszentrums. Dem auf Fischen schmarotzenden Krebs *Argulus foliaceus* fehlt ein chemischer Sinn, der ihn den Fisch, wenn auch nur auf kurze Entfernung erkennen läßt. Bei Berührung wird der Wirt jedoch von anderen Körpern chemisch unterschieden. Andererseits wird aber durch Fischhaut aus einer Glasröhre physiologische Kochsalzlösung mit Neutralrot eingesogen.

Obige Beispiele zeigen, daß viele Tiere ein chemisches Rezeptionsvermögen haben, das namentlich bei der Auffindung und Prüfung der Nahrung sowie bei der Vermeidung von Feinden eine wichtige Rolle spielt. Wir sind vom Menschen her gewöhnt, 2 chemische Sinne, den Geruchssinn und den Geschmackssinn, zu unterscheiden. Wenn wir aus eigener Erfahrung auch wissen, daß die Empfindungen, die uns durch diese Sinne vermittelt werden, vielfach verwechselt werden, so gibt es für den Menschen doch einige zuverlässige Kriterien zur Unterscheidung. Die Osmorezeptoren sind primäre Sinneszellen, die in der Nasenschleimhaut liegen und Nervenfasern (Nervus olfactorius) in den Riechlappen des Vorderhirns (Lobus olfactorius) entsenden. Die Gustorezeptoren sind Knospen aus sekundären Sinneszellen, die durch Äste des N. trigeminus, facialis und glossopharyngeus mit der Medulla oblongata in Verbindung stehen. Sie liegen in der Mundhöhle. Die Duftstoffe, die der Mensch riecht, sind flüchtig und werden durch die Luft verbreitet, wodurch sie auf die Riechschleimhaut gelangen, wo sie vielleicht in den Lipoiden (s. Teil 1, S. 19) der Plasmahäute gelöst werden. Sie müssen bestimmte Atomgruppen (Osmophore) in besonderer Anordnung enthalten. Die Geschmackstoffe haben sehr verschiedene chemische Zusammensetzung, sind jedoch stets wasserlöslich. Die Empfindungen, die Geruchs- und Geschmacksreize beim Menschen hervorrufen, können zwar manchmal verwechselt werden, weil Stoffe, die in den Mund gelangen, vielfach Duftteilchen durch die Choanen an die Riechschleimhaut der Nase abgeben (Choanengeruch). Sie sind jedoch durch geeignete Versuchsanordnungen scharf zu trennen und wir kennen für beide Sinne je mehrere gesonderte Qualitäten. Geruch und Geschmack unterscheiden sich beim Menschen durch verschiedene Rezeptoren, verschiedene Reizstoffe und verschiedene Empfindungen. Über die Empfindungen der Tiere wissen wir nichts. Desgleichen stößt die Unterscheidung von Riech- und Schmeckstoffen bei ihnen oft auf große Schwierigkeiten, da uns einwandfreie chemische Erkennungszeichen für diese Substanzen fehlen. Es bleibt also zur Feststellung, ob bei Tieren ebenfalls eine Duplizität der chemischen Sinne besteht, nur das Kriterium der getrennten Rezeptoren. In vielen Fällen versagt auch dieses, weil die Scheidung von Osmo- und Gustorezeptoren weder nach Bau noch Lage möglich ist. Dies gilt für die oben angeführten Fälle, die man daher vorläufig am besten als Äußerungen eines allgemeinen chemischen Sinnes bezeichnet. Je nachdem, ob die Stoffe nur bei Berührung oder auf größere Entfernungen wirken, kann man einen chemischen „Nahsinn" und „Fernsinn" unterscheiden. Eine Trennung von Geruchs- und Geschmacksinn läßt sich bisher bei den Wirbeltieren und einigen Arthropoden durchführen.

1. Geruchssinn

Der Geruchssinn dient der Auffindung der Nahrung, der Vermeidung von Feinden, der Erkennung von Artgenossen, besonders des Geschlechtspartners, von Angehörigen derselben Lebensgemeinschaft und der Hervorbringung oder Steigerung sexueller Erregung. Die Hauptqualitäten der Gerüche, die der Mensch unterscheidet, sind: würzig (z. B. Pfeffer), blumig (Jasminöl), fruchtig (Apfeläther), harzig (Räucherharz), faulig (H_2S und CS_2) und brenzlig (Teer). Außerdem empfinden wir mannigfaltige Mischgerüche. Vielleicht gibt es für die einzelnen Gerüche spezifische Rezeptoren, da beim Menschen isolierte Ermüdbarkeit und Ausschaltung einzelner Gerüche durch bestimmte Gifte möglich ist. Ob die Tiere ebenfalls die 6 Hauptqualitäten unterscheiden, wissen wir nicht; jedoch spricht vieles dafür. Bienen verwechseln Nitrobenzol und Bittermandelöl, die auch für den Menschen sehr ähnlich riechen. Andererseits wissen wir, daß manche Tiere (z. B. Schmetterlinge, s. S. 104) auf Duftstoffe reagieren, die wir nicht wahrnehmen. Ob das auf qualitativer Unterscheidung beruht oder nur auf Verschiedenheiten in den Höhen der Reizschwellen, ist nicht entschieden. Nach den Höhen der Reizschwellen unterscheidet man: Macrosmaten (mit niedrigen Reizschwellen), Microsmaten (mit hohen Reizschwellen) und Anosmaten (die überhaupt nicht oder nur sehr schlecht riechen können [z. B. Wale]). Selbst für Microsmaten — wie den

Menschen — sind manche Substanzen noch in ganz außerordentlich geringen Mengen riechbar.

Die niedrigste Reizschwelle hat wohl Merkaptan, von dem noch 0,0000435 Millionstel mg in 1 cm^3 Luft gerochen wird. Und doch ist das Geruchsvermögen der Macrosmaten noch viel feiner. Ein Polizeihund fand ein Stück Fließpapier, das einmal mit der Hand berührt worden war, aus vielen nicht berührten, aber sonst gleichen, heraus Besonders die Fähigkeit, aus Duftgemischen einen bestimmten Dressurduft herauszukennen, ist bei Hunden weit besser entwickelt als bei Menschen.

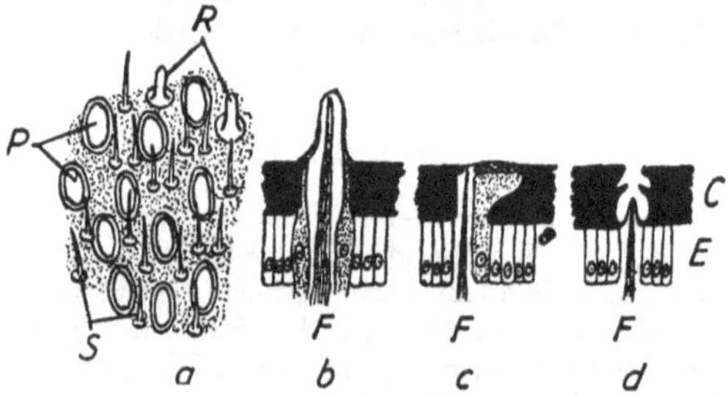

Abb. 73.

Geruchsorgane von Insektenantennen. (Nach v. Frisch) a) Flächenstück eines Bienenfühlers. b) Riechkegel. c) Porenplatte. d) Grubenkegel. C = Chitincuticula, E = Epidermis, F = Fortsätze von Sinneszellen, P = Porenplatten, R = Riechkegel, S = Sinneshaare.

Echte Geruchsorgane gibt es bei Insekten und Wirbeltieren, bei denen einwandfrei ein vom Geschmackssinn zu trennender Geruchssinn nachgewiesen ist. Bei den Osmorezeptoren der Insekten handelt es sich um Fortsätze von Sinneszellen, die mit sehr dünnen Stellen des Chitinpanzers, die ein Eindringen der Duftstoffe ermöglichen, in Verbindung stehen. Man unterscheidet: Riechkegel, Porenplatten und Grubenkegel (Abb. 73). Diese Organe stehen an sehr verschiedenen Körperstellen, vor allem auf den Antennen, die bei gut riechenden Formen meist besonders stark entwickelt sind. Viele aasfressende Fliegen werden durch den Geruch faulen Fleisches angelockt Die Fruchtfliege *Drosophila* fliegt zu gärenden Früchten und zu Duftstoffen, die sich in diesen bilden (Amyl- und Äthylalkohol, Essigäther Essigsäure, Milchsäure usw.). Die Orientierung erfolgt hier vielleicht chemotropotaktisch mit Hilfe der Antennen; wenigstens dreht sich die Fliege nach Amputation eines Fühlers im Duftgefälle in Kreisen nach der intakten Seite. Schlupfwespen, die ihre Eier in holzbohrende Insekten legen, finden ihre Larvennahrung oft durch dicke Holzschichten hindurch was nur durch die Annahme einer äußerst feinen Osmorezeption verständlich ist. Berührt man mit einer Mehlmottenraupe eine Glasscheibe so lösen die von der berührten Stelle ausgehenden Geruchsreize bei darüberlaufenden Weibchen von *Habrobracon brevicornis* (einer in Mehlmottenraupen schmarotzenden Wespe) Stechreflexe aus. Honigbienen lasse sich auf bestimmte Düfte dressieren, wenn man sie in Kästen füttert, die mit dem betreffenden Geruch verwittert sind. Bietet man ihnen dann futterlose Kästchen mit verschiedenen Düften, so fliegen sie nur das Kästchen mit dem Dressurduft an. Mit dieser Methode ließ sich eine erstaunlich weitgehende Übereinstimmung des Geruchssinnes der Bienen — auch in Bezug auf die Schwellenwerte — mit dem des Menschen feststellen. Der Sitz der Geruchsrezeptoren ist in den 8 distalen Antennengliedern, die reichlich mit Porenplatten ausgestattet sind. Solange noch eines dieser Glieder vorhanden ist, sind die Bienen auf Düfte dressierbar; wird auch dieses abgeschnitten, nicht mehr. Im sozialen Leben der Bienen spielt der Geruchssinn eine äußerst wichtige Rolle. Der mit Blütentracht heimkehrenden Arbeiterin haftet der Duft der besuchten Blumenart an. Wenn sie dann im Stock „tanzt" (s. S. 67), fliegen die auf die betreffende Blumenart eingeflogenen Bienen zur Futterquelle.

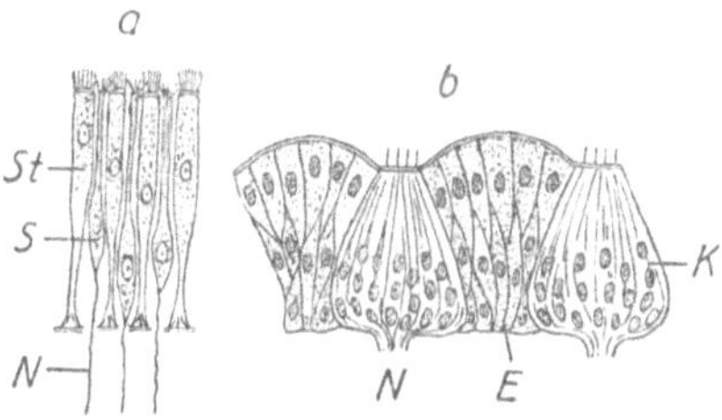

Abb. 74. a) Schema eines Riechepithels, b) Schnitt durch die Riechschleimhaut eines Knochenfisches *(Trigla)*. (Nach Blaue, aus v. Frisch.) E = Epithel, K = Riechknospe, N = Nervenfasern, S = Sinneszelle, St = Stützzelle.

Deren Auffindung wird dadurch erleichtert, daß eine Biene, die eine reichliche Futterquelle gefunden hat, ihr zwischen dem 5. und 6. Abdominalsegment gelegenes Duftorgan an der Sammelstelle ausstülpt, wodurch deren Umgebung mit einem fruchtätherartigen Duft geschwängert wird. Von großer Bedeutung ist der Geruchssinn auch bei Ameisen, deren wichtigste Osmorezeptoren ebenfalls auf den Antennen liegen. Die Arbeiterinnen hinterlassen auf dem Wege zur Futterstelle eine Duftspur von Ameisensäure, der die Genossinnen folgen. Bringt man antennenlose Arbeiterinnen von *Camponotus*, *Lasius* und *Formica* zusammen, so behandeln sie sich wie Artgenossen (belecken und füttern sich gegenseitig), während sich normale Tiere angreifen. Bringt man antennenlose Stockgenossen von *Myrmica* zusammen, so behandeln sie sich wie Feinde. Der Geruchssinn ist hier also das wichtigste Mittel zur Unterscheidung

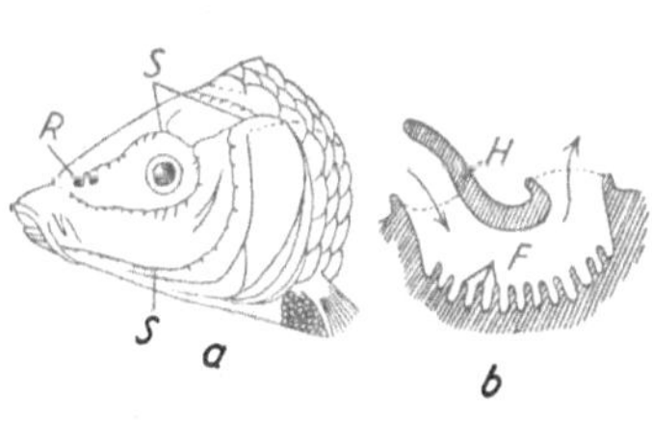

Abb. 75. a) Kopf eines Karpfens, b) schematischer Längsschnitt durch die Riechgrube eines Knochenfisches. (b Nach v. Frisch.) F = Hautfalten mit Riechepithel, H = Hautfalte, durch die beim Schwimmen Wasser in die Riechgrube geleitet wird, R = Riechgrube mit Hautfalte, S = Seitenlinie.

von Freund und Feind. Bei manchen Schmetterlingen dienen Düfte, die für den Menschen nicht wahrnehmbar sind, den Männchen zur Auffindung der Weibchen. Sie werden durch ausstülpbare abdominale Duftorgane von den Weibchen hervorgebracht. Frischgeschlüpfte Weibchen mancher Arten (z. B. *Gastropacha quercus* und *Saturnia pavonia)* locken dadurch die Männchen auf kilometerweite Entfernungen an. Werden den Männchen die mächtigen gefiederten Antennen abgeschnitten oder den Weibchen die Duftorgane entfernt, so beachten sich die Geschlechter nicht. Dagegen werden normale Männchen durch abgeschnittene Duftorgane angelockt und versuchen mit ihnen zu kopulieren. Bei manchen Schmetterlingsmännchen kommen Duftschuppen oder Dufthaare (besonders auf den Flügeln) vor, deren Produkte wahrscheinlich zur sexuellen Erregung des Geschlechtspartners dienen.

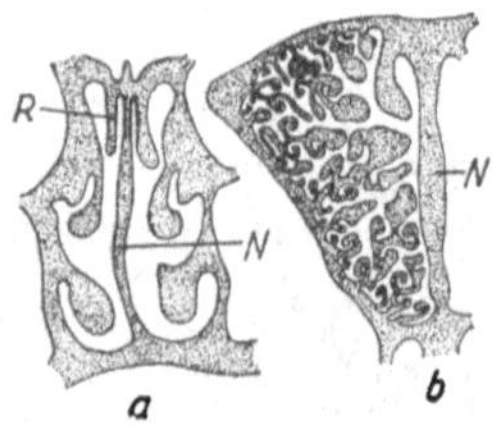

Abb. 76.

Querschnitte durch Nasenhöhlen. a) Mensch, b) Reh. (Nach K a l l i u s und P a u l i aus v. F r i s c h.) N = Nasenscheidewand, R = Riechepithel. In b) sind alle Falten mit Riechepithel bekleidet.

Die Geruchsrezeptoren der W i r b e l t i e r e sind stets primäre Sinneszellen, die meist als Riechepithelien oder aber als Riechknospen (Abb. 74) angeordnet sind. Ihre Nervenfasern ziehen durch den Nervus olfactorius in den Riechlappen des Vorderhirns, der bei guten Riechern (z. B. Haien) außerordentlich stark entwickelt sein kann. Die Riechzellen liegen in Höhlen des Vorderkopfes, die mit der Außenwelt in Verbindung stehen und bei den Fischen als R i e c h g r u b e n ausgebildet sind. Es sind meist paarige (außer bei Cyclostomen) Einsenkungen, die bei den Selachiern ventral vor dem Munde liegen und mit ihm durch Rinnen verbunden sein können. Bei den anderen Fischen besteht keine Verbindung mit dem Munde. Die dorsal gelegenen Gruben sind meist durch Hautbrücken z. T. verschlossen, so daß röhrenartige Bildungen entstehen (Abb. 75), durch die das Wasser mit Hilfe von Flimmerepithel, Muskeltätigkeit oder durch die Schwimmbewegungen hindurchgetrieben wird. Manchmal sind die Röhren mit schornsteinartigen Bildungen versehen (z. B. Muraeniden). Bei den übrigen Wirbeltieren sind die Geruchsorgane als N a s e n ausgebildet, paarige Höhlen, die einerseits durch die Nasenlöcher mit der Außenwelt, andererseits durch die Choanen mit der Mundhöhle kommunizieren. Im einzelnen ist die Form und Größe der Nasen sehr verschieden; vielfach sind sie als Rüssel verlängert (z. B. bei Schweinen, Spitzmäusen, Tapiren und Elefanten). Das Innere der Nasenhöhlen erfährt durch Falten — Nasenmuscheln — eine mehr oder weniger große Oberflächenvergrößerung. Die Ausbreitung des Riechepithels auf dieser Oberfläche ist sehr verschieden. Beim Menschen erstreckt sich die Regio olfactoria nur über einen kleinen Teil der obersten der 3 Muscheln und der Nasenscheidewand, während bei Macrosmaten die oft sehr zahlreichen Muscheln (Abb. 76) zum größten Teil mit Sinneszellen bestanden sind. Die Luftbewegungen, die die Riechstoffe zu den Osmorezeptoren führen, werden durch Inspiration erzeugt. Die F i s c h e sind im allgemeinen gute Riecher. Namentlich Haie werden kurze Zeit, nachdem ein Nahrungskörper, der Duftteilchen ins Wasser abgibt, in ihr Becken gebracht ist, erregt und schwimmen suchend umher. Werden die Riechschleimhäute ausgekratzt, die Riechnerven durchschnitten oder die Riechgruben verschlossen, so tun sie das nicht mehr. Wird das Geruchsorgan einseitig ausgeschaltet, so schwimmen sie in Kreisen nach der intakten Seite. Die Orientierung nach Geruchsstoffen scheint also tropotaktisch zu erfolgen. Dressuren auf Riechstoffe (Skatol, Cumarin und künstlichen Moschus) sind an Fischen *(Phoxinus laevis)* ausgeführt worden. Exstirpation der Riechlappen hebt die Dressurfähigkeit auf. Bei manchen gesellig lebenden Fischen (z. B. Ellritzen) wird der Schwarm durch Geruchsreize, die von der Haut verletzter Artgenossen ausgehen, so verschreckt, daß er die Erlebnisstelle einige Tage meidet.

Besonderes Interesse beansprucht der Geruchssinn der A m p h i b i e n, da es sich um Tiere handelt, die sowohl unter Wasser als auch in Luft leben. Lange Zeit nahm man an, daß eine Unterscheidung von Geruch und Geschmack nur in der Luft möglich sei, weil der Mensch nur in der Luft riecht, als Riechstoffe also nur gasförmige Substanzen in Frage kämen. Wenn die Amphibien die gleichen Stoffe mit denselben Organen sowohl im Wasser als auch an der Luft rezipieren, ist gezeigt, daß diese Unterscheidung hinfällig und echtes Riechen auch im Wasser möglich ist. Dieser Beweis ist an Molchen der Gattung *Triturus* erbracht:

Die Molche haben sowohl im Wasser als auch in der Luft Mundhöhlenatmung (s. Teil 1, S. 95), wobei das Medium durch die Nasenlöcher und die Choanen in die Mundhöhle eingesogen wird. Werden Duftstoffe von Nahrungskörpern (z. B. Regenwurmsaft) in das Wasser gebracht, so werden die Molche — auch geblendete — erregt und suchen in charakteristischen Stellungen umher. Nach Durchschneidung der Riechnerven oder Verschluß der Nasenlöcher hört diese Reaktion auf, auch wenn durch ein Glasrohr, das zwischen den Nasenlöchern durch den Oberkiefer geführt wird, der Wasserstrom ungehindert in die Mundhöhle gelangen kann. Normale Molche verhalten sich auf dem Lande wie im Wasser; sie beginnen, wenn sie in das Diffusionsgefälle riechender Nahrungsstoffe gelangen, auf dem Boden umherzusuchen und können so vergrabene Regenwürmer oder Schälchen mit Regenwurmsaft auffinden. Wird der Riechnerv einer Seite durchtrennt, so reagieren sie noch ebenso, dagegen tun sie es nicht mehr, wenn außerdem das Nasenloch der intakten Seite verschlossen wird. Bei den Molchen reagiert also dasselbe Organ — die Nase — im Wasser und auf dem Lande in der gleichen Weise. Es wäre sinnlos, nicht in beiden Fällen Geruchssinn anzunehmen. Bei Molchen, die aus dem Wasser ans Land gebracht werden, erlischt zunächst die Riechfähigkeit für einige Tage, während solche, die vom Lande ins Wasser kommen, sogleich riechen können. Dies liegt daran, daß die Härchen der Riechzellen unter dem Einfluß des Wassers verkürzt werden (Abb. 77). Bei Landaufenthalt verlängern sie sich erst allmählich, wodurch sie zum Riechen in Luft fähig werden.

Von R e p t i l i e n können Schildkröten im Wasser und auf dem Lande riechen. Manche Schlangen erkennen die Beute durch den Geruch und verfolgen ihre Spur. Vipern „stechen" die Beutetiere mit den Giftzähnen an (s. Teil 1, S. 68), halten sie jedoch nicht fest. Das vergiftete Tier entfernt sich eine gewisse Strecke, bevor es verendet. Die Schlange findet es dann durch Verfolgung der Geruchsspur. Bei dem bekannten „Züngeln" der Schlangen und Echsen nimmt die gespaltene Zunge Duftteilchen auf. Zurückgezogen liegen die Zungenspitzen gerade an den beiden Öffnungen des Jakobsonschen Organs, mit Sinnesepithel ausgekleideten Hohlräumen unter den Nasenhöhlen (Abb. 78). Die Duftstoffe gelangen durch einen Pumpmechanismus oder durch Einführung der dünnen Zungenspitzen auf das Sinnesepithel, wo sie chemisch geprüft werden. Jakobsonsche Organe kommen bei den meisten Wirbeltieren (außer bei Fischen) vor. Sie stehen entweder mit der Mund- oder mit der Nasenhöhle in offener Verbindung. Bei Vögeln, Seesäugern und Primaten sind sie verkümmert. Außer bei einigen Reptilien ist ihre Funktion unbekannt.

Abb. 77.

Riechzellen von *Triturus* (Molch). (Nach Matthes.) a) Bei Luftaufenthalt, b) bei Wasseraufenthalt.

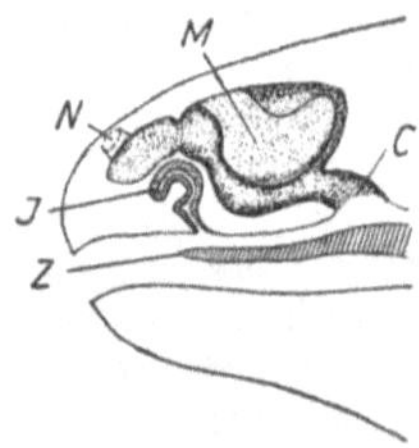

Abb. 78.

Längsschnitt durch den Vorderkopf einer Eidechse. (Nach Bütschli aus v. Frisch.) C = Choane, J = Jacobsonsches Organ, M = Nasenmuschel, N = Nasenloch, Z = Zunge.

Vögel sind im allgemeinen schlechte Riecher. Nur für Enten, Schnepfen, den Kiwi und Raben wird ein relativ guter Geruchssinn angegeben.

Unter den Säugern gibt es viele Macrosmaten, wie die meisten Insektenfresser. Nage-, Huf- und Raubtiere, bei denen Nahrungssuche, Geschlechtsleben und Feindvermeidung weitgehend unter der Herrschaft des Geruchssinnes stehen. Bei Meerschweinchen ist die Reizschwelle für Nitrobenzol 1000mal tiefer als beim Menschen. Männliche Mäuse bevorzugen Fallen, in denen vorher Weibchen gefangen wurden, vor solchen mit Männchengeruch. Maulwürfe wittern ihre Beute durch 6 cm starke Erdschichten. Hunde setzen uns oft durch ihre Fähigkeit der Spurfindung und andere geruchlose Höchstleistungen (s. S. 102) in Erstaunen.

2. Geschmackssinn

Die Hauptaufgabe des Geschmackssinnes ist die chemische Prüfung der Nahrung. Außerdem kann er noch zur Steigerung der sexuellen Erregung dienen, wie bei einigen Insekten (z. B. Grillen), bei denen die Weibchen während der Paarung Rückendrüsensekrete der Männchen auflecken. Der Mensch unterscheidet 4 Geschmacksqualitäten: süß, sauer, bitter, salzig, die in gleicher Weise durch sehr verschiedene chemische Stoffe hervorgerufen werden können.

Beim Menschen erzeugt das Disaccharid Rohrzucker $(C_{12}H_{22}O_{11})$ und das Saccharin — ein Ammoniakderivat der Sulfobenzöesäure $\left(C_6H_4\genfrac{}{}{0pt}{}{|SO_2|}{|CO|}NH\right)$, die Empfindung süß. Auch Glykokoll, Berylliumsalze, Chloroform und andere Stoffe schmecken uns süß.

Unsere Kenntnisse über die Geschmacksorgane der Wirbellosen sind noch unvollkommen. In der Regel spricht man Bildungen, die morphologisch nicht von Riechorganen zu unterscheiden sind, als Gustorezeptoren an und schließt aus ihrer Lage im und am Munde auf ihre Geschmacksfunktion. Andererseits wissen wir jedoch, daß viele Insekten (z. B. manche Tagfalter, Fliegen und Honigbienen) an den Tarsen durch Schmeckstoffe reizbar sind, und daß auch an den Antennen Gustorezeptoren sitzen können.

Berührt man die Tarsen mit duftlosem Zuckerwasser, so strecken die Tiere den Rüssel aus, was sie bei Berührung mit reinem Wasser nicht tun. Auf diese Weise ist z. B. nachgewiesen, daß *Pyrameis atalanta* Wasser, Zuckerlösung, Chinin, Salzsäure und Kochsalz durch Schmecken mit den Tarsen unterscheiden kann. Ökologisch wird dieser eigenartige Sitz der Gustorezeptoren durch die Beobachtung verständlich, daß die Insekten auf ihre Nahrung treten. Es wird ihnen so angezeigt, daß Futter in der Nähe ist, dessen chemische Beschaffenheit dann eingehender mit den Mundorganen geprüft wird. Schneidet man Wespen die Antennen und die Mundtaster ab, so können sie Honig nicht mehr finden, fressen ihn jedoch, wenn man ihn an ihren Mund heranbringt. Dagegen wird er verschmäht, wenn man ihm Chinin zusetzt. Honigbienen saugen Lösungen verschiedener Zuckerarten auf, lehnen jedoch einige (z. B. Milchzucker) und andere dem Menschen süß schmeckende Stoffe (z. B. Saccharin) ab. Im allgemeinen nehmen die Bienen nur solche Zuckerarten auf, die für sie Nährwert haben (z. B. Fruktose, Glukose, Saccharose, Maltose); nur diese schmecken ihnen süß. Für saure und salzige Substanzen entsprechen die Schwellenwerte der Bienen etwa denen des Menschen. Dagegen wird Chinin, das einer Rohrzuckerlösung beigemischt ist, noch in Konzentrationen angenommen, die für uns unerträglich bitter sind. Schwimmkäfer *(Dytiscus)* lassen sich auf Schmeckstoffe dressieren und unterscheiden die 4 menschlichen Geschmacksqualitäten. Zecken haben an den Tarsen der ersten Beinpaare grubenförmige Vertiefungen mit Sinneshaaren (Hallersche Organe), nach deren Ausschaltung sie nicht mehr auf Riechstoffe reagieren. Setzt man sie dann auf eine tierische Membran von Wirtstemperatur, so saugen sie durch diese 0,8 prozentige Kochsalzlösung, Natriumzitrat mit ein paar Tropfen Rattenblut oder flüssige Gelatine. Der Geschmacksinn scheint also sehr schlecht entwickelt zu sein.

Die Gustorezeptoren der Wirbeltiere sind sekundäre Sinneszellen, die — als Knospen angeordnet (Abb. 79) — meist in der Schleimhaut der Mundhöhle, besonders auf der Zunge, liegen, wo sie in den Gräben um die verschiedenen Papillen (Papillae fungiformes, vallatae und foliatae) stehen. In diese Furchen münden Eiweißdrüsen, deren Sekret stark konzentrierte Schmeckstoffe verdünnt und die Furchen ausspült, um sie für die Aufnahme neuer Schmeckstoffe zu reinigen. Die Mündungen der Drüsengänge sind so geformt, daß sie durch den Druck der Flüssigkeit in den Furchen zusammengepreßt werden, wodurch ein Eindringen von Fremdstoffen vermieden wird (Abb. 79). Bei manchen Fischen stehen auch in der äußeren Körperhaut Geschmacksknospen, so auf den Lippen, den Barteln und sogar an den Seiten des Rumpfes und des Schwanzes *(Amiurus, Cyprinus)*. Die Innervierung erfolgt durch

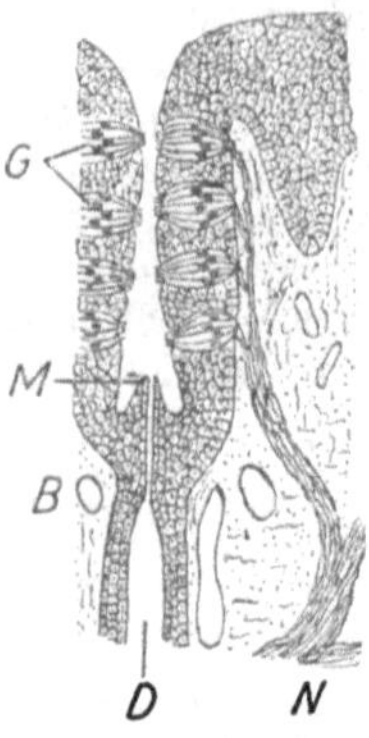

Abb. 79.

Schnitt durch eine Papilla foliata des Kaninchens. (Nach Kühn.) B = Blutgefäß, D = Drüsengang, G = Geschmacksknospen, M = Mündungskegel, N = Nerven.

Äste des Nervus trigeminus, facialis und glossopharyngeus. Ellritzen lassen sich auf Schmeckstoffe dressieren, und zwar auch solche Fische, denen die Riechlappen entfernt sind, was eine Mitwirkung des Geruchssinnes ausschließt. Die Tiere lernen die 4 menschlichen Qualitäten — süß (Traubenzucker), sauer (Essigsaure), salzig (Kochsalz) und bitter (Chinin) — zu unterscheiden; sind jedoch gegen süß und salzig viel empfindlicher als wir, was vielleicht mit dem Fehlen des Choanengeruches zusammenhängt. Der Zwergwels *(Amiurus)* reagiert — entsprechend der Verteilung seiner Geschmacksknospen — auf Berührung der Flanken mit Fleisch mit sofortigem Umdrehen und Schnappen. Berührt man ihn leise mit nichtschmeckenden Stoffen, so erfolgt zunächst dieselbe Reaktion, nach mehrmaliger Wiederholung jedoch nicht mehr. Dagegen setzt sie bei Reizung mit Fleisch sofort wieder ein. Molche lassen sich auf die vier Qualitäten dressieren. Bei Eidechsen und Vögeln, die nur relativ wenige Geschmacksknospen haben, ist gezeigt worden, daß sie die vier Qualitäten ähnlich wie der Mensch unterscheiden. Die meisten sind gegen bitter sehr wenig empfindlich, was mit der Anpassung an bittere Nahrung (viele Sämereien und Insektensekrete) zusammenhängen mag.

Besondere Vorliebe zeigten alle Eidechsen und Vögel (auch Raubvögel) für süße Stoffe; sie tranken sehr lange von einer 30prozentigen Zuckerlösung. Auch die meisten Säuger bevorzugen den süßen Geschmack. Beim Menschen wird süß am besten an der Zungenspitze, sauer an den Rändern und bitter am Grunde rezipiert. Salzig wird etwa an allen Stellen in gleicher Weise wahrgenommen. Von den einzelnen Papillen können einige nur auf eine, andere auf mehrere Qualitäten ansprechen.

3. Feuchtigkeitssinn

Da das Wasser einer der wichtigsten Lebensfaktoren ist, erscheint es verständlich, daß manche Tiere eine spezielle Rezeptionsfähigkeit für den Feuchtigkeitsgrad der Luft oder der Substrate haben. Ob dabei das Wasser an sich als chemischer Stoff von spezifischen Sinneszellen rezipiert wird, oder ob der Reiz durch osmotische Veränderungen von Zellen gesetzt wird, ist nicht entschieden. Oft wird behauptet, daß manche Säuger Wasser aus der Ferne „wittern"; experimentell ist es wohl noch nicht nachgewiesen. Molche (*Triturus*) bevorzugen feuchte Stellen vor trocknen und orientieren sich in einem Feuchtigkeitsgefälle der Luft positiv hydrotaktisch. In 13 von 16 Fällen krochen sie in ruhender Luft von einer Stelle mit 65% Feuchtigkeit zu einer von 73%, die 70 cm entfernt war. Die verantwortlichen Rezeptoren liegen nicht in der Nase; vielleicht in der Haut, in der Mundschleimhaut oder in der Lunge. Honigbienen lassen sich auf Wasser dressieren, das sie vielleicht mittels der Antennen rezipieren. Von vielen in feuchten Biotopen lebenden Wirbellosen (Regenwürmern, Asseln, Myriapoden, Collembolen, Insekten und ihren Larven, Milben, Schnecken usw.) ist positive Hydrotaxis bekannt. Über die Rezeptoren weiß man jedoch fast nur, daß sie bei Regenwürmern im Kopflappen und bei dem Tausendfüßer *Scutigerella immaculata* in den Coxalsäckchen liegen müssen, nach deren Ausschaltung die Reaktionen auf Luftfeuchtigkeitsgrade verschwinden. Viele Insekten (z. B. Schaben, Läuse, Ameisen) haben artliche oder rassische Vorzugsfeuchtigkeiten, die sie in einer „Feuchtigkeitsorgel" (einem Apparat, in dem durch verschieden stark hygroskopische Salze ein meßbares Feuchtigkeitsgefälle herrscht) aufsuchen, wobei sie ein sehr feines Unterscheidungsvermögen für geringe Feuchtigkeitsunterschiede zeigen können. Die Orientierung erfolgt in manchen Fällen (z. B. bei Regenwürmern) phobisch durch Zurückschrecken vor zu trockenen Orten.

e) Die Physiologie der optischen Reizung

Die dem optischen Sinn adäquaten Reize werden durch transversale Lichtwellen, die sich geradlinig als Lichtstrahlen fortpflanzen, erzeugt. Physiologisch wird der Helligkeitswert durch die Lichtintensität oder Lichtstärke, der Farbwert durch die Wellenlänge bestimmt. In den Rezeptoren wird Licht durch bestimmte Sehsubstanzen (Sensibilatoren) absorbiert, die sich dadurch zersetzen. Die Absorptionsfähigkeit für die einzelnen Wellenlängen ist verschieden und nur die absorbierten Strahlen sind photochemisch wirksam (Grotthussches Gesetz). Man kann annehmen, daß die Sehsubstanz S in die beiden Stoffe P und A zerlegt wird, und zwar in einer von der Höhe der Lichtintensität (I) abhängigen (sehr kurzen) Expositionszeit, der minimalen Reizzeit (t). Unter dem Einfluß von P und A entsteht dann in einer temperaturabhängigen Latenzzeit der Reizstoff T, der die Erregung bewirkt. Die Zeit von dem Moment der Reizung bis zu dem der Reaktion — die Reaktionszeit — zerfällt also in die für die photochemischen Prozesse nötige minimale Reizzeit und die lichtunabhängige Latenzzeit. Da T die eigentliche Reizsubstanz ist, hängt die Stärke der Erregung von der Menge, in der dieser Stoff gebildet wird, ab. Der Prozeß $S \rightarrow P+A$ ist reversibel ($P + A \leftarrow S$), so daß bei Fehlen des Lichtreizes wieder S gebildet wird. Es gibt für jede Lichtintensität einen Gleichgewichtszustand, in dem bei starkem Licht wenig S und viel $P + A$ vorhanden sind, bei schwachem wenig $P + A$ und viel S. Diese Vorgänge spielen für die Anpassung der Rezeptoren an verschiedene Lichtintensitäten — bei der Adaptation (s. S. 132) — eine wichtige Rolle. Im allgemeinen gehorcht die Sensibilisierung dem photochemischen Gesetz von Bunsen-Roscoe, d. h. die Reizgröße wird durch das Produkt aus Lichtintensität (I) und Belichtungsdauer (t) bestimmt. Die am besten bekannte Sehsubstanz ist der Sehpurpur aus dem Wirbeltierauge, der im Dunkeln rot ist und im Licht ausbleicht (s. S. 134). Ähnliche Stoffe sind in den Augen von Cephalopoden, Seeigeln und Planarien gefunden worden. Manche Chemikalien wie Eosin, Hämatoporphyrin ($C_{34}H_{38}O_6N_4$), Harnstoff und Milchsäure, verstärken oder erzeugen Lichtempfindlichkeit. Paramaecien, die sich dem Licht gegenüber in der Regel indifferent verhalten, werden durch Eosin bei starkem Licht negativ und bei schwachem positiv phototaktisch.

Paramaecien, wie überhaupt die meisten Protozoen, haben keine Differenzierungen, die als Photorezeptoren gedeutet werden können, trotzdem reagieren viele von ihnen auf Lichtreize. Ebenso manche Metazoen (z. B. viele Cölenteraten, Muscheln und Insektenlarven). Einige der Photorezeptoren beraubte Metazoen sind noch lichtempfindlich (z. B. Planarien, Schnecken, Amphibien). Dieser „Hautlichtsinn" (Photodermatie) läßt erkennen, daß dem Plasma an sich Lichtempfindlichkeit zukommen kann. Meist sind jedoch spezielle Photorezeptoren vorhanden, in denen diese Eigenschaft besonders gesteigert ist und die durch Hilfseinrichtungen zur Aufnahme von Lichtreizen vorzugsweise geeignet sind.

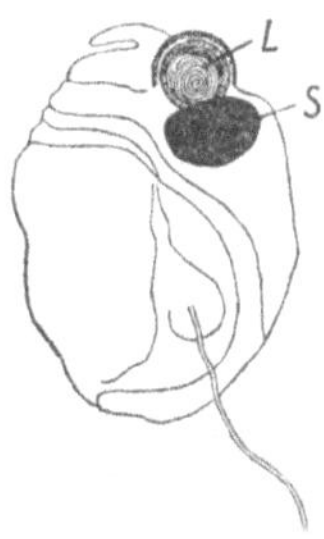

Abb. 80.

Umriß des Flagellaten *Pouchetia cornuta* mit „Augenfleck". (Nach Schütt aus Plate.) L = „Linse", S = Stigma.

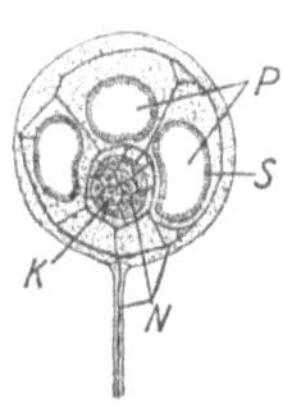

Abb. 81.

Lichtsinneszelle eines Egels *(Pontobdella)*. (Nach Apathy.) K = Kern, N = Nervenfasern, P = Phaosome, S = Stäbchensaum.

Photorezeptoren kommen schon bei einigen Protozoen (Euflagellaten und Peridineen) vor. Es sind aus rotem Pigment (ölhaltigem Hämatochrom, das wohl sensibilisierend wirkt) bestehende „Augenflecke", Stigmata, an denen oft stark lichtbrechende Amylum- oder Paramylumkörner liegen, die als Linsen (s. S. 125) wirken mögen (Abb. 80). Die Photorezeptoren der Metazoen sind stets primäre Sinneszellen. Sie haben Differenzierungen, die als Transformatoren zur Umformung der Lichtenergie in Nervenerregung gedeutet werden. Man kann zwei Typen unterscheiden: die eine Art, die in der Haut mancher Würmer gefunden wird, enthält in ihrem Innern Vakuolen (Phaosome), die wohl mit einer lichtzersetzlichen Substanz gefüllt und oft von einem Saum feiner Stäbchen umgeben sind (Abb. 81). In den Zellen können die Neurofibrillen Netze bilden. Bei der zweiten, häufigeren Art von Sehzellen

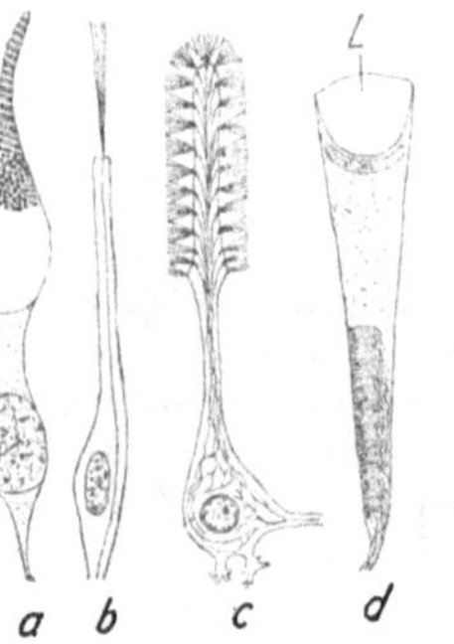

Abb. 82.

Lichtsinneszellen. (Nach verschiedenen Autoren.)
a) Frosch *(Rana esculenta)*,
b) Napfschnecke *(Patella)*,
c) Nacktschnecke *(Limax)*,
d) Röhrenwurm *(Branchiomma)*,
L = Linse.

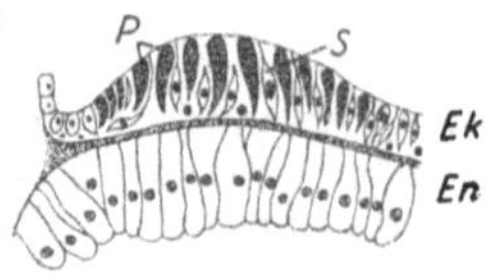

Abb. 83.

Augenfleck der Meduse *Catablema eurystoma*. (Nach Linko aus Plate.) Ek = Ektoderm, En = Entoderm, P = Pigmentzellen, S = Sinneszelle.

dienen zu Stiftchen umgebildete Neurofibrillenenden als Transformatoren. Länge, Anzahl, Lage und spezielle Gestaltung der Stiftchen ist sehr verschieden (Abb. 82). Die Sinneszellen können diffus auf dem Tierkörper verteilt sein (z. B. die Sinneszellen mit Phaosom beim Regenwurm). Meist treten sie in Ein- oder Mehrzahl mit besonderen die Lichtaufnahme regulierenden Einrichtungen zusammen und bilden so Lichtsinnesorgane oder Augen. Die wichtigsten Hilfseinrichtungen sind dunkle Pigmentablagerungen, die Teile der Rezeptoren durch Absorption des Lichtes vor dem Reiz schützen. Das Pigment kann in den Sehzellen selbst oder in ihnen benachbarten Zellen liegen. Die Ausgestaltung der Augen ist im einzelnen außerordentlich mannigfaltig, jedoch kann man einige Hauptarten unterscheiden: 1. Augenflecke oder Flachaugen: Die Sehzellen liegen etwa in einer Ebene und sind zu Flecken oder Polstern vereinigt, in denen meist zwischen den Sinneszellen Pigmentzellen stehen (z. B. einige Medusen [Abb. 83], Echinodermen, Mollusken). 2. Pigmentbecherocellen: Die Sehzellen liegen einzeln oder zu mehreren in Bechern aus Pigmentzellen. Der Becher kann aus einer oder aus einer Anzahl von Pigmentzellen bestehen (z. B. Turbellarien, *Branchiostoma* [Abb. 84]). Die Transformatoren der Seh-

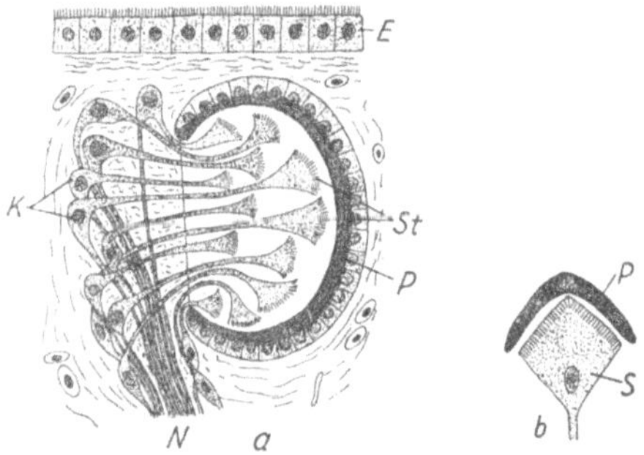

Abb. 84.

Pigmentbecherocellen. (Nach Hesse.) a) *Planaria gonocephala* (Strudelwurm), b) *Branchiostoma* (Acranier). E = Epidermis, K = Körper der Sinneszellen, N = Nervenfasern, P = Pigmentbecher, S = Sinneszelle, St = Stiftchensäume.

zellen liegen am Grunde des Bechers, ihre Körper mit den Kernen vor der Becheröffnung. Das Licht durchdringt also die Zellkörper, bevor es auf die Transformatoren trifft. Derartige Augen nennt man invers oder invertiert (abgewandt), im Gegensatz zu den eversen (zugewandten) Augen, bei denen die Transformatoren auf der Lichteinfallseite der Sehzellen liegen. 3. Gruben- oder Napfaugen: Die Sehzellen sind epithelial angordnet. Sie enthalten Pigment oder dieses liegt in Zwischenzellen, die im Epithelverband stehen. Das Epithel, die Netzhaut oder Retina, ist zu einer flacheren oder tieferen Grube eingesenkt, die mit Sekret gefüllt ist (z. B. Medusen, Gastropoden [Abb. 85]). 4. Blasenaugen: Die Einsenkung der Epithellage aus Sinnes- und Zwischenzellen geht so weit, daß eine kugelförmige Blase entsteht, die dem Licht nur durch eine kleine Stelle — das Seh-

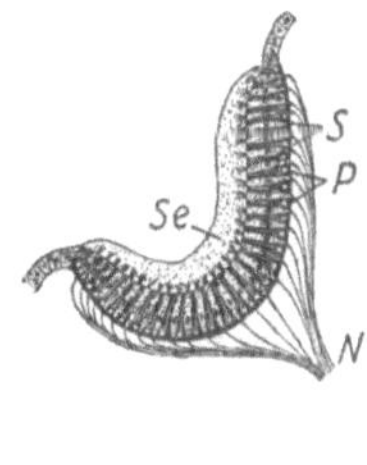

Abb. 85.

Grubenauge der Napfschnecke *Patella*. (In Anlehnung an Hesse.) N = Nerv, P = Pigmentzellen, S = Sinneszellen, Se = Sekret.

l o c h (Pupille) — den Zutritt gestattet. Meist ist dies Loch durch eine durchsichtige H o r n h a u t (Cornea) verschlossen. Die Retinazellen können zu-, oder abgewandt sein. In dem Strahlengang liegt meist ein

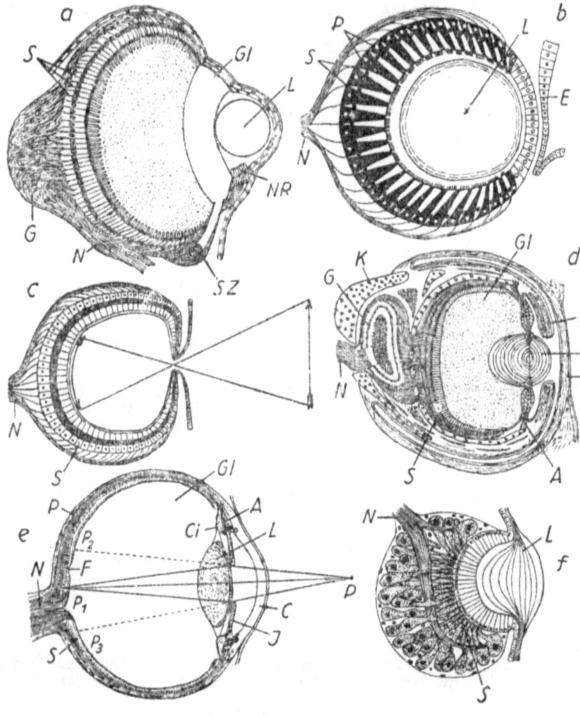

Abb. 86.

Schematische Schnitte durch Blasenaugen. (Nach verschiedenen Autoren.) a) Polychaet *(Vanadis)*, b) Landlungenschnecke *(Helix)*, c) Cephalopode *(Nautilus)*, d) Cephalopode *(Sepia)*, e) Wirbeltier *(Homo)*, f) Spinne *(Tegenaria)*. A = Akkomodationsmuskel, C = Cornea, Ci = Ciliarkörper, E = Epidermis, F = Fovea centralis, G = Ganglion, Gl = Glaskörper, I = Iris, K = Knorpel, L = Linse, N = Nervenfasern, NR = Nebenretina, P = Pigmentzellen, S = Sinneszellen, SZ = Sekretzelle.

die Lichtstrahlen sammelnder, stark lichtbrechender kugel- oder linsenförmiger Körper, die Linse. Der übrige Raum ist mit einer gallertigen, durchsichtigen Masse, dem Glaskörper, angefüllt. Cornea, Linse und Glaskörper bilden den dioptrischen Apparat. Oft ist die Pupille durch eine Iris (Regenbogenhaut), einen lichtundurchlässigen Ringmuskel, verengbar. Blasenaugen kommen vor: bei Polychaeten, Mollusken, Arthropoden und Wirbeltieren (Abb. 86). 5. Komplexaugen: Die Augen bestehen aus Anhäufungen von einzelnen Elementen, Sehkeilen, Ommatidien oder Ommen, die den Wert von Einzelaugen haben. Sie setzen sich aus einer Cornea, unter der meist linsenartige Bildungen — Kristallkegel — liegen, durch die das Licht auf Stiftchensäume (Rhabdomere) von Sinneszellen fällt, zusammen. Die (meist 8) Rhabdomere sind oft zu röhren- oder stabförmigen Rhabdomen verschmolzen. Rhabdome und zugehörige Sinneszellen werden als Retinulae bezeichnet. Die einzelnen Ommen, die oft dicht gedrängt zusammen liegen, so daß sie sich gegenseitig 6-kantig abflachen (Facettaugen), sind durch Pigmentzellen voneinander optisch isoliert. Komplexaugen kommen vorzugsweise bei Arthropoden vor (Abb. 87).

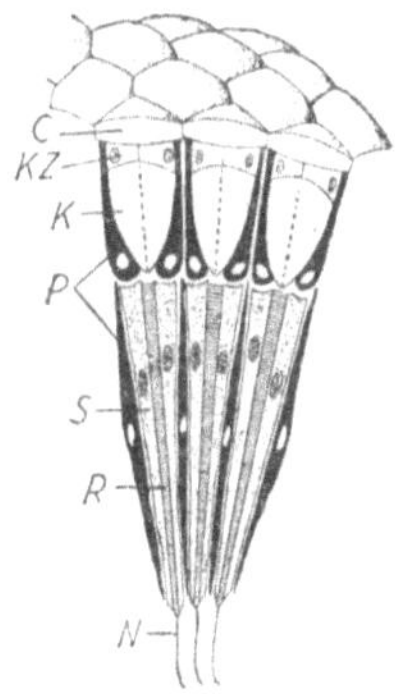

Abb. 87.

Schematischer Schnitt durch drei Ommatidien eines Arthropoden-Komplexauges. (Nach Jacobs.) C = Cornea, K = Kristallkegel, KZ = Kristallkegelzelle, N = Nervenfaser, P = Pigmentzellen, R = Rhabdom, S = Sinneszelle.

Die primitivste Leistung des Lichtsinnes ist das Helligkeitssehen, d. h. die Rezeption von Unterschieden in der Lichtintensität. Sie ist mit allen Arten von Augen möglich. Es genügt auch schon die allgemeine Lichtempfindlichkeit mancher Tiere (s. S. 111). Die durch Helligkeitssehen hervorgerufenen Bewegungsreaktionen sind entweder einfache unorientierte Bewegungen, wie der Schattenreflex von *Balanus* (s. S. 57), oder sie verlaufen nach dem Schema der Phobotaxis (Photophobotaxis). Schattenreflexe sind weit verbreitet. Meist sind sie Schutzreaktionen gegen sich nähernde größere Feinde. Bei Wirbeltierparasiten (z. B. Fischegel) kann Beschattung jedoch auch Suchbewegungen auslösen, die die Wirtsfindung erleichtern.

Das Infusor *Stentor coeruleus*, das keine Lichtsinnesorganellen hat, ist negativ phototaktisch. Wird ein Gefäß, das solche Infusorien enthält, schräg einseitig belichtet und von der Lichteinfallsseite her beschattet (Abb. 88 a), so sammeln sich die Protozoen bald in der dunkleren Hälfte. Sie schwimmen ohne Zögern vom Hellen ins Dunkle, führen jedoch an der Grenze von Dunkel zu Hell phobische Reaktionen aus (Abb. 88 b), die sie in dem beschatteten Gebiet festhalten.

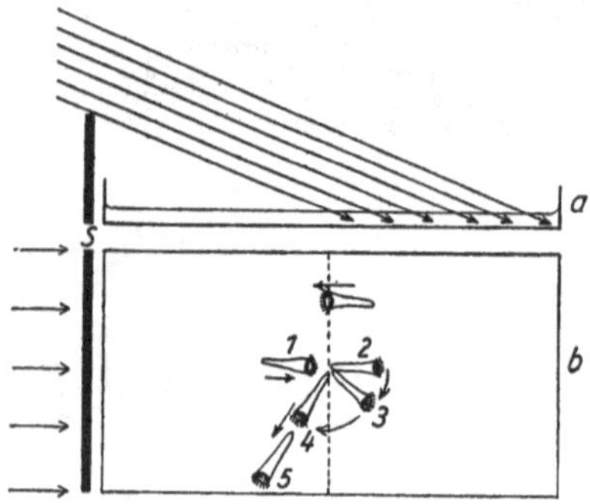

Abb. 88.

Versuch über die Photophobotaxis des Infusors *Stentor coeruleus*. (Nach J e n n i n g s, verändert.) a) von der Seite, b) von oben gesehen. Lange Pfeile-Lichtrichtung. S = Schirm, 1 bis 5: Phasen der phobischen Reaktion an der Dunkel-Hell-Grenze.

Phobische Reaktionen gegen gewisse Lichtintensitäten sind bei vielen Tieren zu beobachten. Es können Schreckreaktionen gegen höhere Intensitäten (negativ phototaktische Tiere) oder gegen geringere (positiv phototaktische Tiere) ausgeführt werden. Oft wirkt Intensitätsänderung erregend oder hemmend auf die Bewegungsreflexe (P h o t o k i n e s e). Viele Tiere (namentlich Insekten) sind nur im Hellen, andere im Dunkeln aktiv. Für einige Tiere (Mensch, Igel, Ellritze und den Egel *Helobdella stagnalis*) gilt bei der Unterscheidung verschiedener Helligkeiten in gewissen Grenzen das W e b e r sche Gesetz (s. S. 57).

Die nächsthöhere Stufe des Sehens ist das Richtungssehen, d. h. die Rezeption der räumlichen Richtung, aus der die Lichtstrahlen einfallen. Die Reaktionen, die auf Richtungssehen beruhen, sind mannigfaltig und stellen einen wesentlichen Faktor bei der Orientierung der Tiere im Raum dar. Es handelt sich um phototopische Einstellungen und Bewegungen (s. S. 59). Auch diese Reaktionen können schon mit Hilfe sehr primitiver Rezeptoren ausgeführt werden. Es ist nur nötig, daß bestimmte Sinnesstellen blos von Licht aus einer bestimmten Richtung getroffen werden können. Alle Augen, die Pigmentschirme haben, erfüllen diese Bedingungen. Rezeptoren ohne Pigment können dem Richtungssehen dienen, wenn sie so auf dem Körper verteilt sind, daß einige nur Licht aus dieser, andere aus jener Richtung bekommen. Man kennt auch Tiere, die phototopisch reagieren, bei denen noch keine Photorezeptoren gefunden sind. Hierher gehören Hydroidpolypen (z. B. *Eudendrium*), die bei einseitiger Beleuchtung der Lichtrichtung entgegenwachsen.

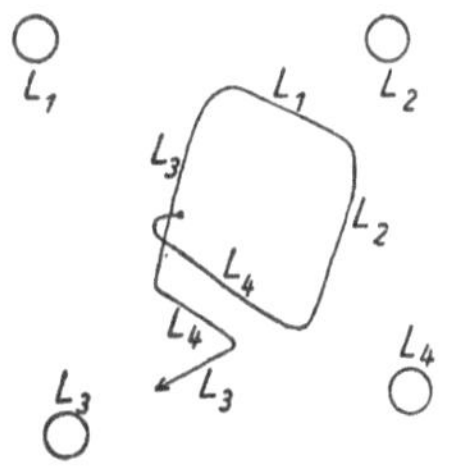

Abb. 89.

Kriechspur einer positiv phototaktischen Assel (*Oniscus*) bei abwechselnder Einschaltung der Lampen L_1 bis L_4. (Nach A. Müller.) Neben den einzelnen Spurabschnitten sind die Lampen, bei deren Licht sie gelaufen wurden, angegeben.

Phototopische Reaktionen frei beweglicher Tiere — Phototropotaxis, Photomenotaxis und Phototelotaxis — sind häufig zu beobachten. Wird ein positiv phototropotaktisches bilateralsymmetrisches Tier mit symmetrischen Lichtsinnesorganen, die dem Licht nur Zutritt von ihrer Seite gestatten, einseitig von Lichtstrahlen getroffen, so wendet es sich der Einfallsseite des Lichtes zu.

Dies wird so lange fortgesetzt, bis das Tier mit dem Vorderende auf die Lichtquelle hinweist, dann bewegt es sich eventuell geradlinig zu ihr. Die Reaktion beruht darauf, daß von dem stärker gereizten Auge Erregungsimpulse den Effektoren zufließen, die Wendung nach der gereizten Seite bedingen. Die Augen wirken (ähnlich wie das Labyrinth [s. S. 72]) als tonische Apparate, indem sie die jedem Auge zugeordneten Muskeln zu stärkerer Tätigkeit veranlassen. Fließen den Augen beider Seiten gleiche Reizmengen zu, so erhalten die symmetrischen Muskeln beider Seiten dieselben Erregungsmengen, es herrscht Erregungsgleichgewicht, das Tier bewegt sich geradlinig zur Reizquelle (Abb. 89). Negativ phototropotaktische Tiere wenden sich von der stärker gereizten Seite weg und bewegen sich geradlinig von der Reizquelle fort. Die Impulse fließen den Muskeln, die Wendung nach der weniger gereizten Seite bedingen, zu. Der Unterschied zwischen den Reflexmechanismen positiv und negativ phototropotaktischer Tiere besteht darin, daß die stärkere Erregung entweder den Muskeln, die Wendung

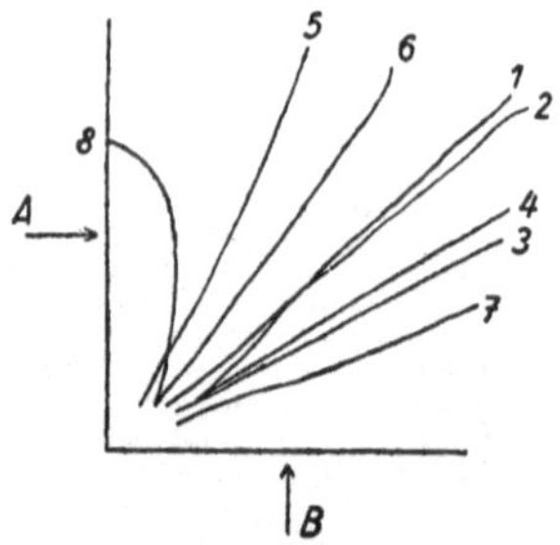

Abb. 90.

Kriechspuren negativ phototaktischer Asseln *(Cylisticus)* bei Beleuchtung mit den Bogenlampen A und B. (Nach A. Müller.) Das Intensitätsverhältnis (A : B) war: für Spur 1 und 2: 1 : 1, 3 und 4: etwa 10 : 1, 5 und 6: etwa 1 : 10, 7 : 1 : 0 und 8 : 0 : 1

Abb. 91.

Kriechspuren positiv phototaktischer Asseln bei zwei gleichstarken Lichtquellen (L). (Nach A. Müller.)

zur gereizten Seite bedingen (meist denen der gleichen Seite). oder denen, die das Tier von der Reizseite wegwenden (meist die der gekreuzten Seite), zufließt. Es besteht theoretisch nur ein Unterschied in der Schaltung der Reflexbahnen. Diese Schaltung ist durchaus nicht starr, und daher läßt sich bei manchen Tieren ein Wechsel in der Richtung der Phototaxis beobachten, der durch den physiologischen Zustand (s. S. 33), also das Entwicklungsstadium, Temperatur, Feuchtigkeit, mechanische Reize, osmotische und chemische Beschaffenheit des Mediums, P_H, Beleuchtungsverhältnisse usw. bedingt ist. Man spricht auch von positiver oder negativer „Lichtstimmung" eines Tieres. Da die Phototropotaxis auf Erregungsgleichgewicht beruht, muß sie gestört werden, wenn die Bedingungen für das Zustandekommen dieses Gleichgewichts nicht mehr vorhanden sind, wenn z. B. das Tier einseitig geblendet wird. Ein so behandeltes positiv phototropotaktisches Tier bewegt sich bei Ober- oder Seitenbeleuchtung nach der intakten — also allein gereizten — Seite, während ein negativ phototropotaktisches Kreise nach der Defektseite ausführt. Werden normale tropotaktisch reagierende Tiere von den Strahlen zweier gleich starker und gleich weit entfernter Lampen getroffen (Zweilichterversuch), so müssen sie sich theoretisch auf einer Geraden bewegen, die die Winkel halbiert, die die Lichtstrahlen der beiden Lichtquellen miteinander bilden. Dabei müssen negativ gestimmte Tiere sich von den Lichtern entfernen, positiv gestimmte sich dem Mittelpunkt des Lampenabstandes annähern. Ist die Lichtmenge, die von einer Lampe ausgeht, größer als die von der anderen, so bewegen sich positive Tiere in einer Bogenbahn, die den Resultanten der Kräfteparallelogramme entspricht, auf die erste zu, während negative nach der Seite der schwächeren Beleuchtung von der Winkelhalbierenden abweichen (Abb. 90). Positiv gestimmte Tiere gelangen bei Beleuchtung mit zwei gleichstarken Lampen in die Mitte zwischen beiden und müßten sich geradlinig über diesen Punkt weiterbewegen. Dadurch kommen sie jedoch in geringere Lichtintensitäten, was sie zu Schreckreaktionen oder Suchbewegungen veranlaßt, durch die sie schließlich so gedreht werden, daß ein Auge von einer der Lampen stärker beleuchtet wird. Sie bewegen sich dann auf diese Lichtquelle zu (Abb. 91)*). Dies gilt für Tiere, bei denen jedes Auge als Ganzes nach dem Tropotaxisschema arbeitet (z. B. Landasseln). Es braucht jedoch nur ein Teil jedes Auges diesem Schema zu entsprechen.

Argulus foliaceus reagiert in der Regel positiv phototaktisch. Wird er von den Strahlen zweier gleich starker und gleich weit entfernter Lampen getroffen, so schwimmt er häufig zunächst geradlinig auf den Mittelpunkt des Lampenabstandes zu. Ist er an der Stelle, an der die von den beiden Lampen ausgehenden Strahlen sich rechtwinklig treffen, — dem Entscheidungspunkt — angelangt, so schwimmt er geradlinig zu einer der Lampen und pendelt dann zwischen beiden hin und her (Abb. 92). *Argulus* hat zwei etwa kugelförmige Komplexaugen, in denen in der Horizontalebene nach außen ca. 14 Ommen liegen, deren Achsen zusammen einen Winkel (Sehwinkel) von ungefähr 223° umschließen. An dem Entscheidungspunkt werden sie unter einem Winkel von 90° (dem Entscheidungswinkel) von den Lichtstrahlen der beiden Lampen getroffen. Es erhalten hier demnach nur die vordersten Ommen jedes Auges direktes Licht (Abb. 93). Nimmt man an, daß nur der vordere, in der Horizontalen durch die vordersten 5 Ommen

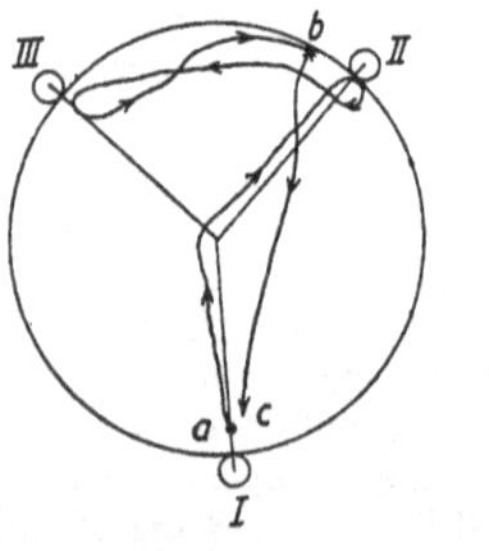

Abb. 92.

Schwimmbahn einer „Karpfenlaus" *(Argulus foliaceus)* bei Seitenbeleuchtung. (Nach Herter.) a—b: Lampe II und III leuchten, b—c: Lampe I leuchtet. Pfeile = Schwimmrichtung.

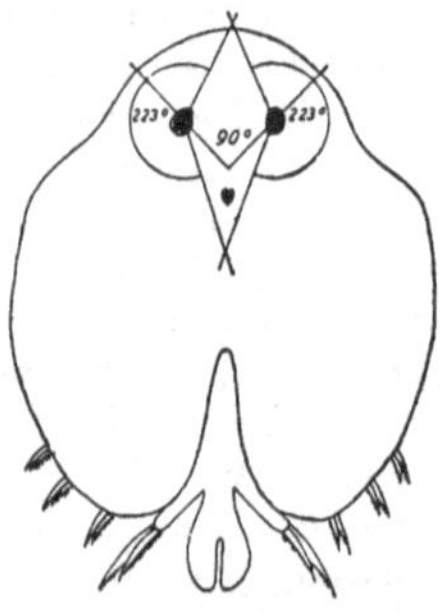

Abb. 93.

Umriß einer „Karpfenlaus" *(Argulus foliaceus)* mit eingezeichnetem Seh- und Entscheidungswinkel. (Nach Herter.)

*) Bei allen derartigen Versuchen sind die Versuchsbedingungen wohl nie ganz exakt herzustellen; auch sind die einzelnen Tierindividuen oft unmerklich morphologisch oder physiologisch asymmetrisch, so daß man nicht mathematisch exakte Bewegungsbahnen erwarten kann.

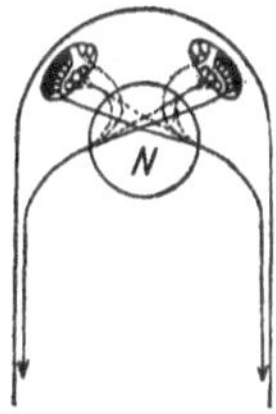

Abb. 94.

Schema der drei Ocellengruppen und ihrer Reflexbahnen in den Augen des Tausendfüßlers *Julus*. (Nach L. H. Müller.) N = ZNS.

begrenzte, Raum des Auges — der tropotaktische Raum — nach dem Tropotaxisschema arbeitet, so ist die Abbiegung zu einer der Lampen erklärlich; würde der Krebs geradlinig weiterschwimmen, so bekäme der tropotaktische Raum keine Lichtstrahlen mehr, die in der Richtung seiner Ommenachsen einfallen. Der tropotaktische Raum kommt also in Gebiete geringerer Reizintensität und das Tier stellt sich mit Hilfe von Suchbewegungen auf eine Lampe ein und bewegt sich auf sie zu. Ähnliche Reaktionen mit verschiedenen Entscheidungswinkeln sind bei vielen Tieren beobachtet.

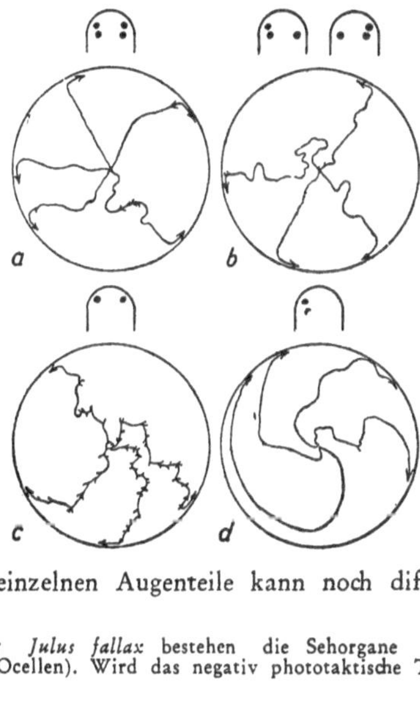

Abb. 95.

Kriechbahnen des Polychaeten *Nereis diversicolor* bei Oberbeleuchtung. (Nach Herter.) a) Normale Würmer, b) ein Vorderauge fehlt, c) beide Hinteraugen fehlen, d) Vorder- und Hinterauge derselben Seite fehlen.

Die Funktion der einzelnen Augenteile kann noch differenzierter sein:

Bei dem Tausendfüßler *Julus fallax* bestehen die Sehorgane aus Haufen von Einzelaugen (Ocellen). Wird das negativ phototaktische Tier von der Seite beleuchtet, so wendet es sich zur Gegenseite, da die in den seitlichen Ocellen beginnenden Reflexbögen gekreuzt verlaufen. Wird das einseitig geblendete Tier von vorn optisch gereizt, so biegt es zur intakten Seite ab, weil die Reflexbögen der vorderen Ocellen zur gleichen Seite ziehen. Wird der auf einem Auge blinde *Julus* von oben beleuchtet, so kriecht er geradlinig weiter, was zeigt, daß die Erregungen von den dorsalen Ocellen zu beiden Körperseiten laufen (Abb. 94).

Bei einem Tier können mehrere Paare von Augen vorkommen, von denen einige tropotaktische, andere phobische Lichtreaktionen vermitteln.

Der negativ phototaktische Ringelwurm *Nereis diversicolor* hat zwei Paar hintereinander am Kopf liegende einfache Blasenaugen. Von oben beleuchtet kriecht er etwa geradlinig mit Ausführung einiger Schreck- und Suchbewegungen vom Licht weg (Abb. 95 a). Werden die Vorderaugen ein- oder beiderseitig zerstört, so nehmen die Suchbewegungen ab, die Kriechbahn bleibt annähernd gerade (b). Zerstört man beide Hinteraugen, so nehmen die Suchbewegungen sehr zu, die Kriechbahnen führen ziemlich gerade vom Licht weg (c). Schaltet man ein Hinterauge aus, so bewegt sich der Wurm in Kreisen nach der Defektseite, auch wenn Vorderaugen vorhanden sind (d). Je mehr Vorderaugen funktionieren, um so häufiger sind Suchbewegungen. Die Vorderaugen vermitteln bei *Nereis diversicolor* die phobischen, die Hinteraugen die tropotaktischen **Reaktionen.**

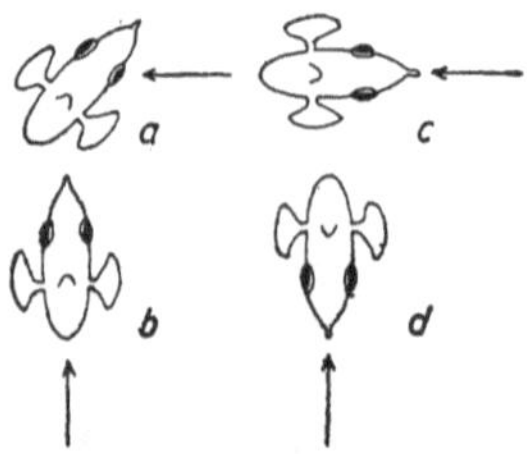

Abb. 96.

Körperhaltungen des Knochenfisches *Crenilabrus* bei Belichtung aus verschiedenen Richtungen (Pfeile). (Nach v. Holst.) a) und b) normales Tier, c) und d) statocystenloses Tier.

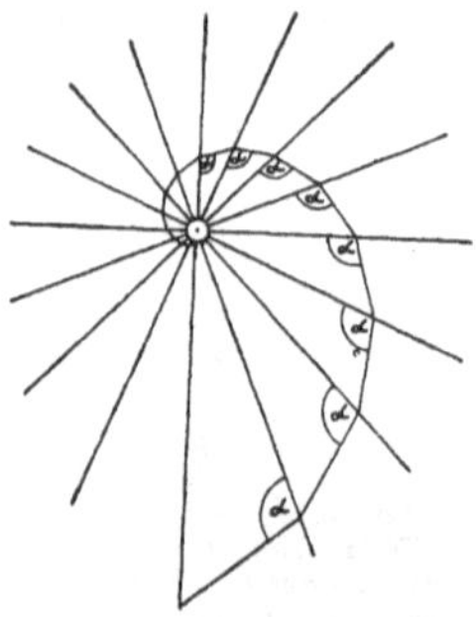

Abb. 97.

Schema der menotaktischen Bewegung eines Tieres gegen eine radiärstrahlige Lichtquelle. (Nach v. Buddenbrock.)

Tropotaktische Lichtorientierung spielt bei manchen Wassertieren bei der Einstellung in die normale Schwimmstellung eine Rolle. In der Natur fällt in der Regel das Licht von oben in das Wasser ein, und die meisten Tiere schwimmen mit dem Rücken nach oben. Ausnahmen sind der Krebs *Branchipus* und die Wanze *Notonecta,* die mit dem Bauch nach oben schwimmen. Viele Tiere, die keine Statocysten haben — z. B. *Hirudo, Argulus, Daphnia, Dytiscus*larven — oder denen die Schweresinnesorgane entfernt wurden (z. B. *Mysis,* s. S. 78), drehen sich, wenn sie von der Seite oder von unten beleuchtet werden so, daß das Licht senkrecht auf ihre Rückenfläche strahlt (Lichtrückenreflex). Der Fisch *Crenilabrus rostratus* wendet bei Seitenbeleuchtung den Rücken je nach der Lichtintensität weniger oder mehr dem Licht zu (Abb. 96a). Bei Unterlicht schwimmt er normal (b). Nach Entfernung der Statocysten zeigt er den Lichtrückenreflex (c und d). *Branchipus* und *Notonecta* werfen sich bei Unterbeleuchtung auf den Bauch (Lichtbauchreflex). Da manche Tiere, die sich so verhalten, — z. B. *Argulus* —, nach Ausschaltung eines Auges um die Längsachse über die intakte Seite rollen, erfolgt die Einstellung in diesen Fällen tropotaktisch (vgl. tropotaktische Schwerorientierung s. S. 80).

Bei der Photomenotaxis wird eine bestimmte Stellung zu den Lichtstrahlen durch entsprechende Bewegungen längere Zeit festgehalten. Kriecht z. B. ein photomenotaktisch reagierendes Tier senkrecht zu den Strahlen einer Lichtquelle, die sein rechtes Auge treffen, so dreht es sich um 180°, wenn man es von der linken Seite beleuchtet. Es stellt also die alte Reizverteilung — senkrechte Beleuchtung von rechts — wieder her.

Auf Menotaxis beruht der Flug vieler Insekten zu künstlichen Lichtquellen. Ist der Winkel, den die radiär von einer Lampe ausgehenden Lichtstrahlen mit der beleuchteten Seite des Tieres bilden, größer als 90°, so bewegt es sich in einer Spirale auf das Licht zu (Abb. 97), ist er ein rechter, so fliegt es in einem Kreise um das Licht herum, und ist er kleiner als 90°, so entfernt es sich in einer Spirale von der Lampe. Bei sehr weit entfernten Lichtquellen (Sonne, Mond) mit praktisch parallelem Strahleneinfall erfolgt die menotaktische Fortbewegung geradlinig. Diese Lichtkompaßbewegung benützen viele Tiere zur Orientierung in bekanntem Gelände, namentlich die Nester bewohnenden Hymenopteren zur Wiederfindung von Futterquelle und Nest. Daß derartige Reaktionen häufig photomenotaktisch sind, wird bei Ameisen deutlich: Ein *Lasius niger* lief um 14 h 39 etwa senkrecht zu den von rechts einfallenden Sonnenstrahlen zum Nest. Er wurde mit einer lichtdichten Kappe zugedeckt (bei × in Abb. 98). Als diese um 17 h 9' weggenommen wurde, lief die Ameise in einer um 37° von der früheren nach rechts abweichenden Richtung weiter, so daß ihre rechte Seite jetzt wieder etwa senkrecht von den Strahlen der inzwischen um 37½ ° gewanderten Sonne getroffen wurde. Tiere des fließenden Wassers können durch photomenotaktisches Festhalten eines bestimmten Gesichtsfeldes an bestimmten „Stammplätzen" des Wohngewässers verharren (s. S. 71).

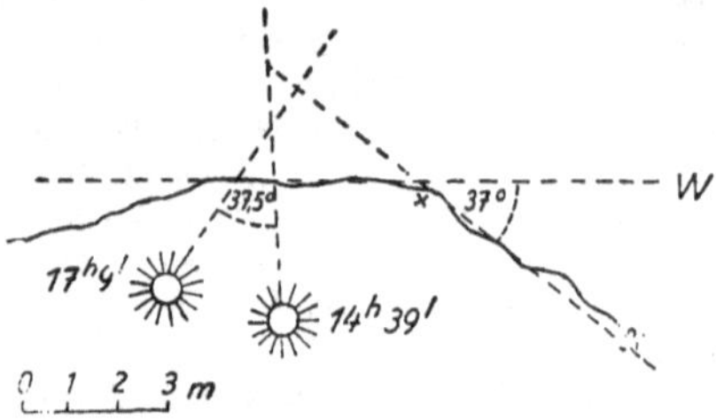

Abb. 98.
Orientierung einer Ameise *(Lasius)* nach der Sonne. (Nach Brun.) W = Nest.

P h o t o t e l o t a x i s äußert sich in Form der F i x i e r b e w e g u n g e n. Sie ist nur mit höheren Augentypen (besonders Blasen- und Komplexaugen) möglich, da in der Regel eine Differenzierung der Rezeptorenschichten in eine (meist zentrale) „Stelle des deutlichsten Sehens", einen „Fixierraum", und periphere Regionen dazu nötig ist.

Eine ruhig sitzende Libelle, deren periphere Augenteile durch ein vorüberfliegendes Beuteinsekt optisch gereizt werden, dreht den Kopf so, daß die Projektion der Reizquelle auf bestimmte symmetrische Stellen beider Augen zu liegen kommt. Dann dreht sie ihren Körper in die Fixierebene (Abb. 99) und schießt auf die Beute zu. Auch Libellenlarven haben diese Fixierfähigkeit. Bei den Wirbeltieren ist die Area centralis (s. S. 126) der Fixierraum. Fixieren ist auch mit e i n e m Auge möglich, wie das Chamäleon zeigt, das mit einem Auge auf eine Fliege zielt.

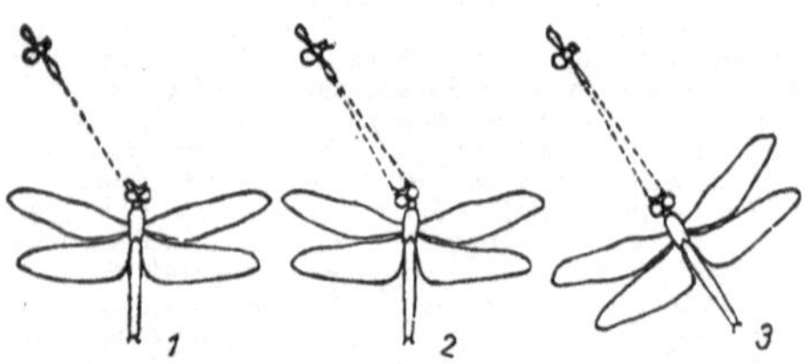

Abb. 99.
Schema der Fixierbewegung einer Libelle.

Bewegungssehen, d. h. die Rezeption der zeitlichen Änderung der Richtung von Lichtstrahlen, die von bewegten Körpern ausgehen, ist schon mit einfachen Augen möglich, wenn nur eine Anzahl lichtrezipierender Elemente vorhanden ist, so daß die sich verschiebenden Strahlen nacheinander verschiedene Elemente treffen. Je höher das Auge organisiert ist, je mehr Rezeptoren es enthält, um so tauglicher wird es zum Bewegungssehen. Für viele Tiere ist das Bewegungssehen die ihr Leben am meisten beherrschende optische Leistung. Viele Krebse und Insekten und die meisten Amphibien und Reptilien reagieren optisch nur oder vorzugsweise auf bewegliche Beute oder Feinde. Ja selbst viele Vögel und Säuger erkennen ihre Feinde optisch nur, wenn sie sich bewegen. Zahlreiche Tiere, um die man auf einem gleichmäßigen Hintergrund sich gut abhebende Strukturen (z. B. dunkle Streifen) dreht, folgen deren Bewegungen mit den Augen, dem Kopf oder dem ganzen Körper. Diese optomotorische Reaktion kann man zum Nachweis des Farbensehens mancher Tiere verwenden (s. S. 138).

Die höchsten Stufen des Sehens sind das Bildsehen und das Entfernungssehen, die nur mit den vollkommensten Augen — Blasen- und Komplexaugen — möglich sind. Das Blasenauge ohne Linse (Abb. 86 c) kann nach dem Prinzip der Lochkamera ein umgekehrtes reelles Bild auf der lichtrezipierenden Schicht der Retina entwerfen. Da jedoch die Anzahl der Lichtstrahlen, die durch die sehr enge Pupille in das Auge eindringt, nur gering ist, wird das Bild lichtschwach. Dieser Übelstand wird durch die Einschaltung einer Sammellinse in den Strahlengang behoben.

In dem Linsenauge der Abb. 86 e würden 3 Strahlen, die von Punkt p ausgehen, wenn eine Linse fehlte, drei Punkte der Retina (p_1, p_2, p_3) treffen. Durch die Linse werden alle drei in p_1, dem Bildpunkt, vereinigt. Dieser erhält also die dreifache Lichtmenge. Die Brechung wird durch die gewölbte Cornea, den Glaskörper und die Augenflüssigkeit noch verstärkt. Je größer die Linse ist, um so mehr Lichtstrahlen werden von ihr gesammelt, um so lichtstärker ist das Auge. Daher haben gut sehende und Dämmerungstiere meist relativ große Linsen.

---

*) Die Brechkraft einer Linse von 1 m Brennweite nennt man 1 Dioptrie (D), die einer solchen von ½ m Brennweite 2 D usw. Die Brechkraft der normalen menschlichen Linse ist etwa 8,3 D.

Die Brechkraft *) einer Linse wird durch den Quotienten aus Durchmesser und Achse ausgedrückt. Bei Wassertieren ist dieser Linsenquotient etwa 1 (z. B. Selachier: 1 bis 1,14, *Phocaena:* 1,05), d. h. die Linse ist etwa kuglig. Dies liegt daran, daß der Brechungsexponent (das Verhältnis zwischen dem Sinus des Einfallswinkels und dem des Brechungswinkels) des Wasser (1,33) größer ist als der der Luft (1). Bei Lufttieren ist der Linsenquotient für Dunkeltiere (z. B. Eulen 1,3) meist kleiner als für Helltiere (Schwalbe 1,85).

Das Bild, das die Retina dem ZNS übermittelt, ist um so schärfer, je mehr Sehelemente auf der Flächeneinheit stehen. Mit zunehmender Anzahl der lichtrezipierenden Stiftchen steigt das A u f l ö s u n g s v e r m ö g e n des Auges.

Bei den am besten sehenden Wirbeltieren, den Vögeln, kommen am meisten Sehelemente auf 1 qmm Retinafläche (Waldkauz: 680 000), bei gut sehenden Säugern und Fischen ist die Anzahl noch recht beträchtlich (Katze: 397 000, Karpfen: 510 000), während die wenig sehtüchtigen Amphibien relativ wenige dieser Elemente haben (Frosch: 95 000). Unter den Wirbellosen finden sich die meisten bei Cephalopoden (*Loligo*: 160 000).

Das Auflösungsvermögen wächst mit der G r ö ß e der Augen, denn es werden bei gleicher Größe und Dichte der Sehelemente in einem großen Auge mehr von ihnen gereizt als in einem kleinen. Meist haben die kleinen Linsenaugen relativ größere Sehelemente als die großen, wodurch ihr Auflösungsvermögen noch mehr vermindert wird.

Die rezipierenden Elemente in den kleinen Linsenaugen (Linsenocellen) der Libelle *Agrion* messen 11,3 μ im Durchmesser, die des Menschen nur 2,5 μ. Das Verhältnis ist also etwa 4 : 1. Das im Menschenauge entworfene Bild ist etwa 300 mal größer als das im Linsenocellus von *Agrion*, demnach ist das Auflösungsvermögen bei *Agrion* 4 · 300 = 1200mal geringer als im Menschenauge. 2 Punkte von 1 mm Abstand, die der Mensch noch getrennt wahrnehmen kann, müßten für den Linsenocellus über 1 m auseinanderrücken, um getrennt rezipiert zu werden. Die kleinen Linsenaugen der Wirbellosen (z. B. der Schnecken, Netzspinnen und Insekten) sind also zum Bildsehen nicht tauglich. Die Ocellen der Insekten, die vorzugsweise bei gut fliegenden Formen neben Facettaugen vorkommen, sind vielleicht „Stimulationsorgane", die die Photokinese (s. S. 116) regulieren und gemeinsam mit den Facettaugen das Vorzeichen der Phototaxis bestimmen. Negativ phototaktische Bienen werden nach Ausschaltung der Ocellen positiv.

Auf den Netzhäuten vieler Linsenaugen gibt es Stellen, an denen die Sehelemente besonders dicht stehen. Meist ist e i n e solche Stelle des schärfsten Bildsehens — eine A r e a c e n t r a l i s — vorhanden, die in der Mitte der Retina liegt.

Sie kann rund (Eidechsen, Schildkröten, Schaf, Katze, Mensch) oder streifenförmig (Cephalopoden, Frösche, Krokodile, Schwein, Pferd) sein. Bei Vögeln kommen auch 2 oder 3 (Schwalben) solcher bevorzugter

Stellen vor. In der Area kann auch noch eine Fovea centralis liegen, mit noch dichterer Anordnung der Sehzellen.

Die Area oder Fovea ist die Fixierstelle des Auges, die reflektorisch auf Gegenstände, deren Bild auf die Netzhautperipherie fällt, eingestellt wird (s. S. 124). Für das Auflösungsvermögen spielt die nervöse Verbindung der Sehelemente mit dem Zentralorgan eine wichtige Rolle. Bei vielen Augen ist nicht jede Sinneszelle durch eine besondere Nervenfaser mit dem ZNS verbunden, sondern mehrere Rezeptoren sind an eine Ganglienzelle, die einen zentralen Fortsatz entsendet, angeschlossen.

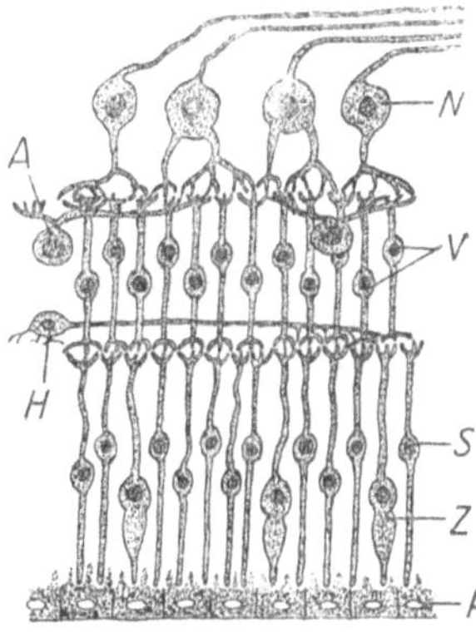

Abb. 100.

Schema der Säugernetzhaut. A = Amakrine, H = Horizontalzelle, N = Sehnervenzelle, P = Pigmentepithel, S = Stäbchen, V = Verbindungszellen, Z = Zapfen.

Von den Sinneszellen (Stäbchen und Zapfen, s. S. 136) der Wirbeltiernetzhaut (Abb. 100) laufen Fasern zu Verbindungszellen (Bipolaren), die wiederum mit Sehnervenzellen durch Fortsätze verbunden sind, und zwar so, daß jede an mehrere Bipolaren angeschlossen ist. Von jeder Sehnervenzelle läuft eine Faser zum Gehirn. In querer Richtung werden die Sinneszellen durch die Horizontalzellen, die Bipolaren und Sehnervenzellen durch die Amakrinen untereinander verbunden. Diese Art der Schaltung bedingt, daß bei Reizung mehrerer Sehelemente nur eine Erregung zentripetal geleitet wird. In den peripheren Teilen der menschlichen Netzhaut sind etwa 130 Sinneszellen mit je einer Faser des Nervus opticus verbunden, beim Tiger 2500 und bei Walen gar 5000 bis 7000. In der Fovea des Menschen steht jeder Rezeptor durch e i n e Faser mit dem Hirn in Verbindung.

Zu den H i l f s e i n r i c h t u n g e n des Wirbeltierauges gehört außer dem dioptrischen Apparat (s. S. 115), die Iris oder Regenbogenhaut, die reflektorisch die Lichtzufuhr regelt (s. S. 132), die Augenlider zum Schutz und zur Feuchthaltung der Hornhaut, und Muskeln, die das Auge bewegen. Ferner liegen Drüsen in den Lidern und in der Umgebung der Augen (Tränen- und H a r d e r sche Drüsen), deren Sekrete die Hornhaut einfetten und befeuchten. Bei Sauropsiden und einigen Säugern kommt eine durchsichtige, von innen nach außen über das Auge schiebbare Haut — die Nickhaut — vor.

Der dioptrische Apparat des Linsenauges entwirft ein reelles, umgekehrtes, verkleinertes Bild, das um so näher an der Linse liegt, je weiter der abgebildete Gegenstand vom Auge entfernt ist. Die Bildebene muß, um eine scharfe Rezeption zu ermöglichen, auf den Stiftchen der Sinneszellen liegen, was bedingt, daß Gegenstände nur scharf gesehen werden können, wenn sie sich in einer bestimmten Entfernung befinden. Die Umweltgegenstände sind jedoch sehr verschieden weit entfernt; und so kommt vielen Augen die Fähigkeit zur A k k o m o d a t i o n, d. h. zur Einstellung auf verschiedene Entfernungen, zu. Die Methode, die der Mensch bei seinen photographischen Apparaten anwendet — Verschiebung der lichtempfindlichen Schicht —, ist für Linsenaugen nicht nachgewiesen (vielleicht kommt sie bei Spinnen vor). Dagegen findet häufig eine Verlagerung der Linse bei feststehender Retina statt.

In den komplizierten Augen pelagischer Raubanneliden soll die Linse durch den Druck der Flüssigkeit aus einer Sekretzelle verschoben werden (s. Abb. 86 a). Eine besondere „Nebenretina" dient wohl der Rezeption

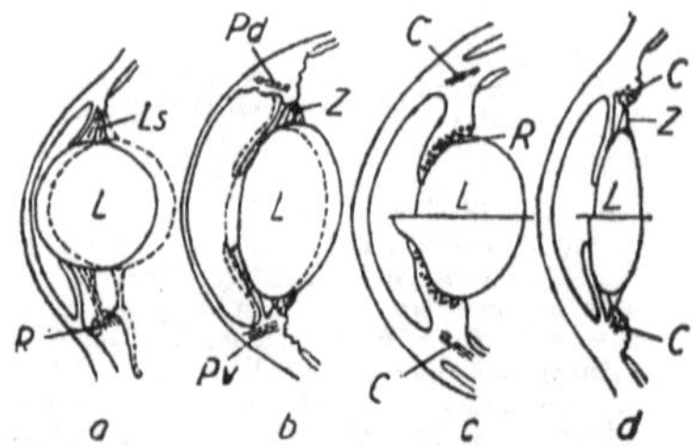

Abb. 101.

Schema der Akkomodation der Wirbeltiere. a) Knochenfisch, b) Kröte, c) Sumpfschildkröte, d) Mensch. (Nach H e s s e.) C = Ciliarmuskel, L = Linse, Ls = Ligamentum suspensorium, Pd = Protractor lentis dorsalis, Pv = Protractor lentis ventralis, R = Ringmuskel der Iris, Z =Zonula ciliaris. In a und b: Akomodationszustand gestrichelt, in c und d: oben Ruhe, unten Akkomodation.

von oben aus der Luft kommenden Lichtreize. Bei Cephalopoden (Abbildung 86 d) umgibt ein radiärer Muskel (Ciliarmuskel) die Linse. Seine Kontraktion zieht die Ränder der Retina gegen die Linse zusammen, erhöht dadurch den Druck im Augeninneren, was Verschiebung der Linse bedingt. In beiden Fällen wird der Abstand der Linse von der Retina vergrößert, also für die Nähe akkomodiert, während das ruhende Auge für Fernsehen eingestellt ist. Umgekehrt ist es bei den Knochenfischen, bei denen die Linse für gewöhnlich netzhautfern ist und zum Weitsehen durch einen Muskel (Retractor lentis) nach hinten gezogen wird. Ein Aufhängeband (Ligamentum suspensorium) sorgt für Rückkehr in die Normallage (Abb. 101 a). Bei Amphibien ziehen Vorziehmuskeln (Protractor lentis dorsalis und ventralis) bei der Nahakkomodation die Linse nach vorn (Abb. 101 b). Bei den höheren Wirbeltieren wird bei Naheinstellung die Gestalt der Linse verändert, wodurch ihr Brechungsvermögen vergrößert wird. Bei Sauropsiden geschieht dies durch Zusammendrücken dieses elastischen Gebildes mit Hilfe von Irismuskeln (Abb. 101 c), wozu bei Vögeln noch besondere Muskeln (Protractor corporis ciliaris und Crampton scher Muskel), die den Aufhängeapparat der Linse (Corpus ciliare) nach vorn ziehen, kommen. Die Säugerlinse liegt in einer Kapsel, die bei Ferneinstellung durch Fasern (Zonula ciliaris) flachgezogen ist; werden sie durch Kontraktion des Ciliarmuskels entspannt, so wölbt sich die Linse infolge ihrer Elastizität (Abb. 101 d).

Das Akkomodationsvermögen ist bei solchen Tieren, die das Medium wechseln (Wasserschildkröten, Tauchvögel, Fischotter) und bei solchen, die in der Ferne und in der Nähe gut sehen können (Tagvögel, Primaten) groß. Bei den im schnellen Fluge jagenden Mauerseglern und Eulen versagt die Nahakkomodation.

Die Fähigkeit zum Bildsehen, d. h. zur Unterscheidung von Formen, ist bei den Wirbeltieren sehr verschieden.

In der Regel ist sie bei am Tage aktiven Fischen (z. B. Ellritzen, Flußbarsch) sehr gut, wie unter anderem Dressuren ergaben, bei denen die Fische es schnell lernten, geometrische Figuren und einzelne Buchstaben nach Form und Raumlage zu unterscheiden und recht genau zu differenzieren. Größenunterschiede von 1 mm können wahrgenommen werden. Die Fische unterliegen auch einigen geometrischen optischen Täuschungen ähnlich wie der Mensch. Obgleich die meisten Amphibien und Reptilien hauptsächlich durch Bewegungssehen geleitet werden (s. S. 125), sind Lurche auf geometrische Figuren und Schildkröten auf Buchstaben dressierbar. Bei den Vögeln ist das Formensehen im allgemeinen sehr gut entwickelt, ebenso bei vielen Tagsäugern. Daß jedoch auch Nachtsäuger, für die es biologisch wohl kaum von Bedeutung ist, geringe Formenunterschiede optisch wahrnehmen können, zeigten Dressuren an Igel und Wiesel auf geometrische Figuren und Buchstaben.

Die Facettaugen der Arthropoden sind ebenfalls zum Bildsehen geeignet, jedoch erfolgt die Bilderzeugung nach einem anderen Prinzip als beim Blasenauge mit einer Linse. Jedes Einzelauge bildet einen einzelnen Punkt des

Objektes ab, so daß das Gesamtbild aus mehr oder weniger vielen Einzelpunkten mosaikartig zusammengesetzt ist (musivisches Sehen). Es entstehen verkleinerte aufrechte Bilder. Der dioptrische Apparat des einzelnen Ommatidiums setzt sich aus der Cornea und dem Kristallkegel zusammen.

Dieser ist ein durchsichtiges, stark lichtbrechendes Umwandlungsprodukt der 4 Kristallkegelzellen (akone Augen), oder diese Zellen scheiden gemeinsam in ihrem Innern eine feste Kristallmasse aus (eukone Augen), oder der lichtbrechende Körper besteht aus einer von den Kristallkegelzellen distal ausgeschiedenen Sekretmasse (pseudokone Augen).

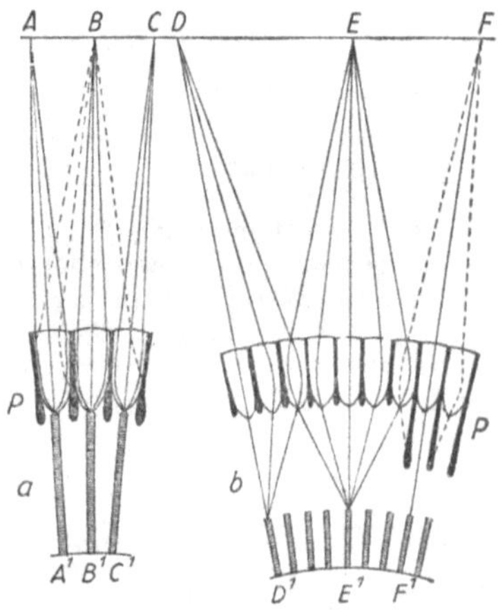

Abb. 102

Schema des Strahlenganges, a) im Appositionsauge, b) im Superpositionsauge. (Nach Kühn, etwas verändert.) A^1, B^1 . . . F^1: die den Objektpunkten A, B . . . F zugeordneten Rhabdome. Die beiden Ommen am weitesten rechts sind in Appositionsstellung. P= Pigment.

Lichtstrahlen gehen ungebrochen durch den Kristallkegel, wenn sie in seiner Achse auftreffen, dagegen werden solche, die parallel zur Achse oder ein wenig schräg einfallen, so abgebogen, daß sie sich auf dem Rhabdom vereinigen. Schräger auftreffende Strahlen treten aus den Seiten des Kristallkegels aus, wo sie von den Pigmentzellen absorbiert werden. Die Kegel sind also voneinander optisch isoliert. Auch die einzelnen Rhabdome sind von Pigmentmänteln umgeben. Stoßen die Rhabdome und die Kristallkegel unmittelbar aneinander, so ist jedes Ommatidium von seinen Nachbarn völlig optisch isoliert, zu seinem Rhabdom können nur Strahlen durch den ihm zugeordneten Kegel gelangen (A p p o s i t i o n s a u g e, Abb. 102 a). Befindet sich zwischen Rhabdomen und Kristallkegeln eine lichtdurchlässige Schicht, so wird jedes Rhabdom auch von Strahlen getroffen, die durch benachbarte Kegel zu ihm hin gebrochen werden (S u p e r p o s i t i o n s a u g e, Abb. 102 b). Bei sehr starker Belichtung wandert das zwischen den Rhabdomen und den Kegeln liegende Pigment in den zwischen diesen Gebilden befindlichen Raum, so daß die Ommen optisch voneinander isoliert werden (Abb. 102 b). Das Superpositionsauge wird funktionell zum Appositionsauge. Das Superpositionsauge hat den Vorzug der größeren Lichtstärke, da von einem Objektpunkt durch mehrere Kristallkegel Strahlen zu einem Rhabdom gelangen, dafür ist die Bildschärfe geringer. Appositionsaugen kommen vorwiegend bei Tagarthropoden vor, während Superpositionsaugen meist bei Nacht- und Dämmerungstieren zu finden sind.

Da jedes Omma nur einen Bildpunkt liefert, ist das A u f l ö s u n g s v e r m ö g e n des Facettauges um so größer, je kleiner die Öffnungswinkel der Ommen sind; denn ein Gegenstand von gewisser Ausdehnung wird in so viele Bildpunkte zerlegt, wie Ommen durch ihn gereizt werden.

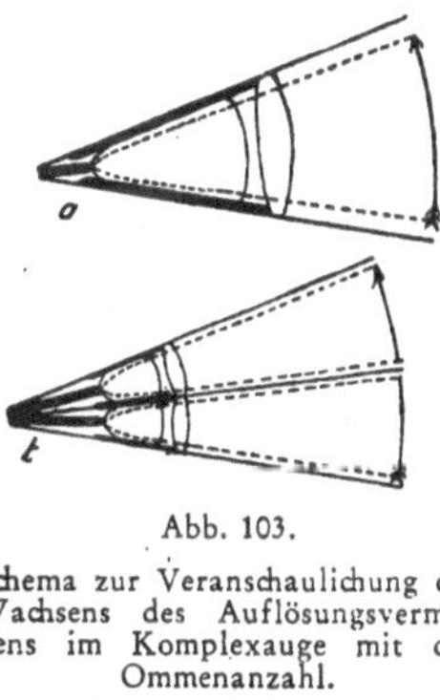

Abb. 103.

Schema zur Veranschaulichung des Wachsens des Auflösungsvermögens im Komplexauge mit der Ommenanzahl.

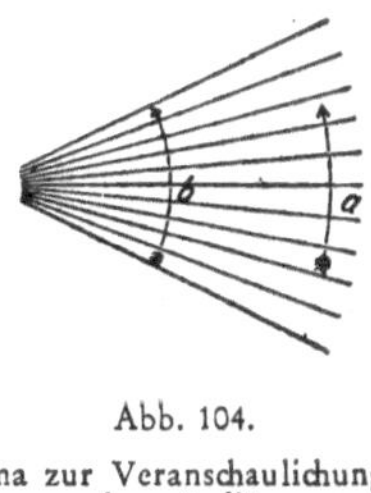

Abb. 104.

Schema zur Veranschaulichung des Wachsens des Auflösungsvermögens im Komplexauge mit der Annäherung des Objektes. Bei a) werden 6 Ommen, bei b) 10 gereizt.

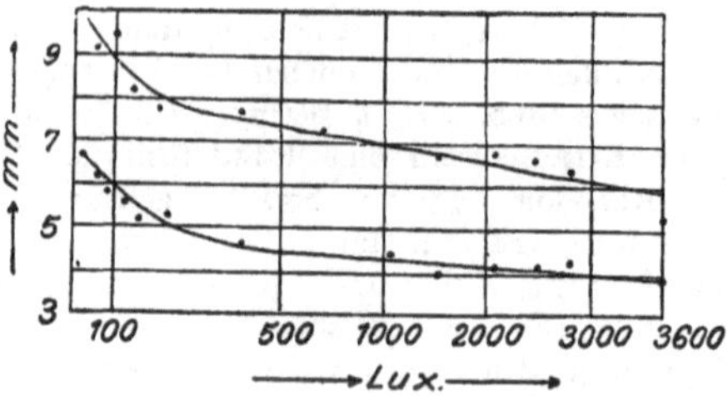

Abb. 105.

Pupillengrößen (Ordinate) nach Adaptation (60 Min.) an verschiedene Lichtintensitäten (Abszisse) bei vorderhirnlosen Grasfröschen (*Rana temporaria*). (Nach v. Studnitz.)

Ist er so groß, daß er in einer gewissen Entfernung gerade in den Öffnungswinkel eines Sehkeiles fällt, so wird er als ein Punkt gesehen (Abb. 103 a). Ist der Öffnungswinkel nur halb so groß, so werden 2 Punkte des Gegenstandes rezipiert usw. (Abb. 103 b). Die sehtüchtigsten Facettaugen haben daher solche Arthropoden, die sehr viele und sehr dicht stehende Ommen haben. In den Facettaugen der großen Libellen (*Aeschna*), die wohl zu den am besten sehenden Insekten gehören, stehen etwa 10 000 Sehkeile, und zwar liegen in einem Winkel von 40° etwa 60. Trotzdem ist das Auflösungsvermögen dieses vollkommenen Facettauges — verglichen mit dem Linsenauge der Wirbeltiere — klein: ein Winkel von 40° begrenzt in einer Entfernung von 1,4 m eine Strecke von 1 m. Bei der Libelle liegen in diesem Raum etwa 60 Ommen. Ein Objekt von 1 cm Länge (etwa eine Fliege) würde also in dieser Entfernung $^{60}/_{100} = 0{,}6$ Ommen erregen können, also nur als Punkt gesehen werden. Mit der Annäherung des Objektes an das Auge wächst das Auflösungsvermögen, da die Anzahl der gereizten Ommen sich dabei vermehrt (Abb. 104). Durch Verengung der Augenkeile wird die Sehschärfe zwar gesteigert, das Gesichtsfeld jedoch verringert. Daher gibt es in manchen Arthropodenaugen mehrere Zonen: solche mit weitwinkligen Ommen zum Absuchen des Sehfeldes und solche mit engen, die dem Fixieren dienen (s. S. 124). Formensehen ist bei vielen Insekten gut ausgebildet. Namentlich für die Honigbiene ist durch Dressuren nachgewiesen, daß sehr verschiedene geometrische Figuren und natürliche Blütenformen gut unterschieden werden.

Die meisten Tiere können bei sehr verschiedenen Beleuchtungsverhältnissen sehen. Ihre Augen passen sich an den Wechsel der Lichtintensität an. Diese Adaptation erfolgt in verschiedener Weise.

In vielen Blasenaugen mit Iris wird durch deren Zusammenziehung und Erweiterung (Pupillenreflex, s. S. 39) die Lichtzufuhr geregelt, so daß bei hohen Intensitäten die Retina nicht zu stark gereizt wird und bei niederen möglichst viel Licht zu den Sinneszellen gelangt. Die Pupillenverengung erfolgt durch den Sphincter pupillae, die Erweiterung durch den Dilatator pupillae. Bei niederen Wirbeltieren (Selachier, Aal, Frosch) entspricht jeder Lichtintensität eine bestimmte Pupillenweite

(Abb. 105). Bei höheren trifft dies nur für gewisse Intensitätsbereiche zu: z. B. beim Menschen bis zu etwa 100 Lux *) und dann oberhalb 1000 Lux. Bei einigen Fischen (Selachier, Aal) wird die Pupillenveränderung nur durch die verschiedene Beleuchtung eines lichtempfindlichen Pigments in der Iris besorgt. Bei manchen Reptilien *(Natrix)*, den Homoiothermen und Cephalopoden erfolgt sie als ein über das Gehirn verlaufender Reflex durch optische Reizung der Netzhaut. Bei manchen Wirbeltieren (z. B. *Rana* und *Emys*) sind beide Reaktionen daran beteiligt, während bei anderen sich die Pupille bei Schwankungen der Beleuchtung überhaupt nicht verändert. Bei Säugern sind die Pupillenreflexe consensuell, d. h. bei Reizung eines Auges verändern sich beide Pupillen. Dosierung der die Rezeptoren treffenden Lichtmenge wird ferner durch Pigmentwanderungen in der Retina und Bewegung der Sehelemente selbst bedingt. In den Retinazellen des Cephalopodenauges

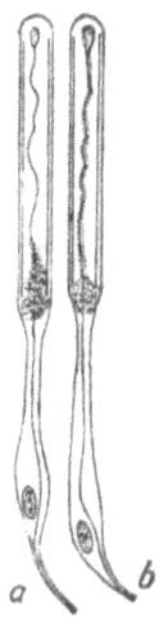

Abb. 106.

Retinazellen eines Cephalopoden. (Nach Hesse.) a) Dunkelstellung, b) Hellstellung des Pigments.

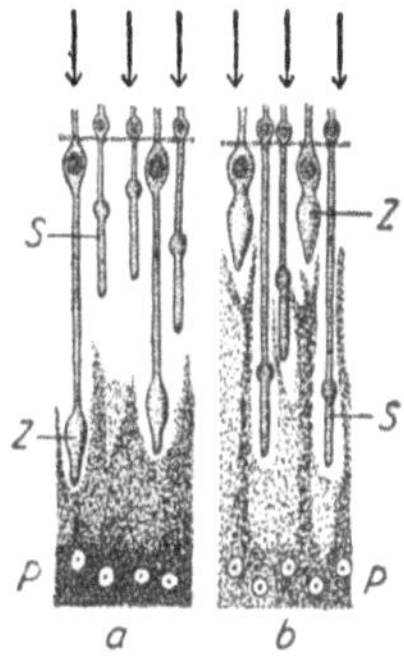

Abb. 107.

Schema einer Knochenfischnetzhaut. (Nach Kühn.) a) Dunkelstellung, b) Hellstellung, Pfeile = Richtung des Lichteinfalls, P = Pigmentepithel, S = Stäbchen, Z = Zapfen.

liegt das Pigment bei schwacher Beleuchtung am Grunde der Sehstifte und wandert mit zunehmender Intensität in diesen empor, die in ihnen liegenden Neurofibrillen vor zu starker Beleuchtung beschützend (Abbildung 106). Im Wirbeltierauge, dessen Retina abgewandt ist, stehen 2 Arten von Sehelementen, die Stäbchen, die sehr helligkeitsempfindlich sind, und die farbenempfindlichen Zapfen (s. S. 136), die nur stärkere Lichtintensitäten rezipieren. Im Dunkelauge (Abb. 107 a) liegt das Pigment in der äußeren, lichtabgewandten Retinaschicht und die Zapfen haben sich gestreckt, während die Stäbchen nach der Lichteinfallsseite

*) 1 Lux = 1 Meterkerze = Beleuchtung einer weißen Fläche aus 1 m Entfernung durch 1 Normal-(Hefner)-kerze (Amylacetatflamme von 40 mm Höhe).

hin zusammengezogen sind. Im Hellauge (Abb. 107 b) wandert das Pigment dem Lichteinfall entgegen und hüllt die jetzt nach außen gestreckten Stäbchen ein. Die Zapfen sind nach der Lichtseite hin kontrahiert. Diese retinomotorischen Erscheinungen werden durch 4 Hormone — Dunkel- und Hellförderungs- und Dunkel- und Hellhemmungshormon — reguliert. Als förderndes Hormon kommt Acetylcholin in Frage. Bei vielen Dämmerungstieren liegt hinter der Rezeptorenschicht eine Lage stark reflektierender Guaninflitter — ein „Tapetum" —, die das auftreffende Licht noch einmal durch die Rezeptoren hindurchschickt, wodurch die Reizwirkung schwachen Lichtes gesteigert wird. Dies reflektierte Licht gelangt wieder aus dem Auge hinaus und verursacht das „Augenleuchten". Die Pigmentwanderungen im Superpositionsauge der Arthropoden wurden schon erwähnt (s. S. 131). Im Appositionsauge kommen sie selten vor; sie dienen der Adaptation an geringe Intensitätsschwankungen (Wechsel von Sonne und Schatten).

Die Pupillenreflexe und die retinomotorischen Reaktionen (physikalische Adaptation) allein können die Änderungen in der Lichtempfindlichkeit der Augen nicht restlos erklären. Beim Menschen erreicht die Dunkeladaptation nach etwa 1 Stunde ihren Höhepunkt, während die Pupillenreaktion fast momentan erfolgt und Pigmentwanderung überhaupt nicht vorkommt. Es muß also noch eine physiologische Adaptation stattfinden, die in einer Veränderung der Lichtempfindlichkeit der Sehzellen selbst beruht. In den Stäbchen der Wirbeltiernetzhaut wird diese durch den Sehpurpur (s. S. 111) bewirkt. Der im Dunkeln rote Sensibilisator zersetzt sich bei Belichtung über das Sehorange zu dem Sehgelb und schließlich zu einer farblosen Substanz. Die Zersetzungsprodukte erregen die Fasern des Opticus und rufen Helligkeitsempfindungen hervor. Da bei Verdunklung ein Wiederaufbau des Sehpurpurs erfolgt, wird mit zunehmender Lichtintensität die Sehstoffmenge erhöht und die Erregbarkeit der Nervenfasern entsprechend gesteigert. Eine Vermehrung der Zersetzungsprodukte durch Erhöhung der Reizintensität oder der Sehstoffkonzentration bewirkt die Empfindung „heller", während eine Verminderung des Zerfalls die Empfindung „dunkler" hervorruft. Chemisch besteht der Sehpurpur, der sich in den Außengliedern der Stäbchen findet, aus einem Proteid, Lipoiden und wahrscheinlich einem Carotinoid.

Wir können annehmen, daß das Entfernungssehen bei den Wirbeltieren ähnlich wie beim Menschen vor sich geht. Hier empfängt jede Retina ein flächenhaftes Bild. Wir sehen nicht flächenhaft, sondern **körperlich**, weil die beiden Augen an etwas verschiedenen Stellen im Raum liegen, wodurch die beiden Bilder sich nicht genau decken. Die sich nicht deckenden Bildteile werden gewohnheitsmäßig in andere Ebenen des Raumes verlegt, werden also näher oder ferner gesehen. Dadurch entsteht das körperliche Sehen. Durch dieses **binokulare Sehen** wird eine Entfernungsschätzung ermöglicht. Außerdem rezipieren wir die relative Größe der Muskelspannung beim Fixieren eines Gegenstandes. Da je nach dessen Entfernung von den Augen die Konvergenz der Augenachsen verschieden ist, gibt dies einen Maßstab für die Entfernung. Beim Sehen mit einem Auge erlaubt die Größe der Akkomodationsanstrengung eine gewisse Entfernungsschätzung. Für Fische wurde durch Dressur gezeigt, daß auch sie Entfernungen und Körper binokular sehen. Einäugig verwechseln auf Pyramiden und Würfel dressierte Fische die Körper mit ihren zweidimensionalen Abbildern. Bei Facettaugen kann ebenfalls binokulares Entfernungsschätzen stattfinden.

Normale Libellenlarven (*Aeschna*) schleudern ihre etwa 1 cm weit vorstreckbare Fangmaske gegen kleine bewegte Objekte nur auf entsprechende Entfernungen. Einseitig geblendete dagegen schnappen schon auf größere Abstände, und zwar auf um so größere, je größer das bewegte Objekt ist. Ein monokulares Entfernungsschätzen scheint beim Facettauge dadurch möglich zu sein, daß nahe Objekte mehr Ommen reizen als ferne (s. S. 132) und daher größer erscheinen müssen.

Die bisher besprochenen Arten des Sehens beruhen auf der Fähigkeit der Photorezeptoren, unter Vermittlung verschiedener Hilfseinrichtungen, Intensitätsunterschiede des Lichtes zu rezipieren. Die Sehzellen können jedoch auch für die Rezeption **verschiedener Wellenlängen** des Lichtes spezialisiert sein, wodurch **Farbensehen** vermittelt wird. Beim Menschen erzeugt Reizung der Retina durch Licht verschiedener Wellenlängen spezifische Farben**empfindungen**, nach denen wir mehrere **Lichtqualitäten** — die Farben des Spectrums — unterscheiden. Unser sichtbares Spectrum umfaßt die Wellenlängen von etwa 400 bis 800 μμ, und zwar empfinden wir 397 bis 430 μμ als violett, 430 bis 500 μμ als blau, 500 bis 580 μμ als grün, 580 bis 600 μμ als gelb und 600 bis 800 μμ als rot. Größere Wellenlängen (Ultrarot) werden als Wärme empfunden, während Längen unter 397 μμ — ultraviolette Strahlen — vom Menschen nicht direkt wahrgenommen werden. Unzerlegtes Sonnenlicht

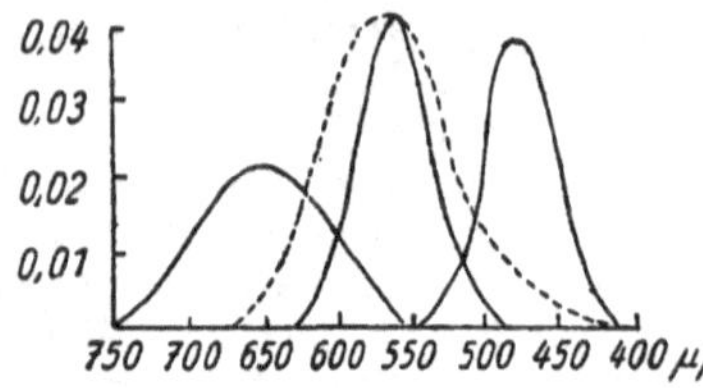

Abb. 108.

Die Absorptionskurven der drei Farbsubstanzen. (Nach v. Studnitz.) Unterbrochene Kurve: die relative Verteilung der Helligkeiten beim farbigen Zapfen-Tagessehen. Links: Rotsubstanz, Mitte: Gelbsubstanz, rechts: Blausubstanz. Abszisse: Wellenlängen, Ordinate: relative Helligkeit.

erscheint weiß. Die größte Helligkeit hat das Spectrum für den helladaptierten Normalsichtigen bei 556 μμ, für den Dunkeladaptierten bei 534 μμ, also im Grün. Beim Menschen ist die Peripherie der Netzhaut, die nur Stäbchen enthält, farbenblind, die Mitte dagegen, in der vorwiegend Zapfen stehen (in der Fovea centralis gibt es nur Zapfen), ist farbentüchtig. Hierauf gründet sich die Duplizitätstheorie des Sehens, die den Stäbchen nur Helligkeitssehen, den Zapfen jedoch auch Farbensehen zuspricht. Die Zapfen enthalten keinen Sehpurpur, jedoch ist es kürzlich gelungen, in ihnen farblose Substanzen nachzuweisen, deren Absorptionsfähigkeit für drei Wellenlängenbezirke verschieden ist. Für die eine liegt das Absorptionsmaximum bei 670 μμ, also im Rot, für die zweite bei 556 μμ im Grün, und für die dritte bei 470 μμ, im Blau. Man unterscheidet demnach eine „Rotsubstanz", eine „Gelb(grün)substanz" und eine „Blausubstanz". Das Maximum der Gelbsubstanz liegt genau an der Stelle des Spectrums (556 μμ), die beim „Tagessehen", d. h. helladaptiert, am hellsten erscheint (Abb. 108). Da wir nur im Hellen Farben sehen, und in der Dämmerung nur farblose Helligkeiten unterscheiden, wird dadurch bestätigt, daß die Stäbchen dem Helligkeitssehen und die Zapfen dem Farbensehen dienen, was auch mit den Vorgängen bei den retinomotorischen Reaktionen übereinstimmt (s. S. 134). Die Entdeckung von 3 Zapfensubstanzen befestigt und erweitert die Dreikomponententheorie des Farbensehens. Man kann annehmen, daß es 3 Zapfensorten gibt, von denen je eine eine der Farbsubstanzen enthält (Abbildung 109). Jedem dieser Rezeptoren ist eine Ganglienzelle mit der entsprechenden „spezifischen Energie" (s. S. 56) zugeordnet, deren Erregung durch die Zersetzung des ihren Zapfen zugehörigen Sehstoffes die entsprechende Farbempfindung vermittelt. Die zu den Rotsubstanz führenden Zapfen gehörigen Ganglienzellen erzeugen die Grundempfindung rot usw. Werden gleichzeitig in zwei Zapfensorten die Farbsubstanzen zersetzt, so ergibt sich eine Mischempfindung (z. B. Rot- und Gelbsubstanz: Orange; Gelb- und Blausubstanz: Blau-grün usw.). Die farbigen Empfindungen können jedoch

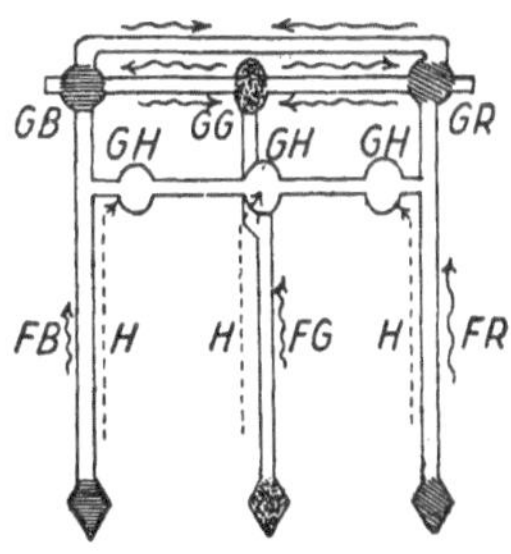

Abb. 109.

Schema des Farbensehens. (Nach v. Studnitz.) GB, GG und GR: die die Farbenempfindungen (blau, gelb, rot) bedingenden Ganglienzellen. GH: die die Helligkeitsempfindungen produzierenden Ganglienzellen. F. bzw. H: die dazugehörigen Erregungen

auch ganz aufgehoben werden; so entsteht bei Zusammentritt der „Gegenfarben" Blau und Gelb oder Rot und Grün oder aller drei Grundfarben die farblose Empfindung Weiß. Da die Zapfen außer den Farbempfindungen auch Helligkeitseindrücke vermitteln, muß man annehmen, daß ihnen auch noch Ganglienzellen zugeordnet sind, die diese erzeugen (Abbildung 109). Die chemische Natur der Farbsubstanzen ist noch nicht genau bekannt. Die in den Netzhäuten von Sauropsiden seit langem bekannten und als Lichtfilter gedeuteten farbigen „Ölkugeln“ sind Vorstufen dieser Stoffe und gehören in die Gruppe der Carotinoide.

Manche Tiere (z. B. einige Krebse und Fische) passen sich in ihrer Körperfarbe in gewissen Grenzen farbigen Untergründen an. Nach Ausschaltung der Augen tun sie es nicht mehr, ein Zeichen dafür, daß sie verschiedene Lichtqualitäten „sehen“, also einen Farbensinn haben. Langwelliges Licht (bis etwa 520 μμ) wirkt positivierend, kurzwelliges (etwa von 480 bis 228 μμ) negativierend auf die Phototaxis von Daphnien, die demnach mindestens zwei Lichtqualitäten unterscheiden. Bei der Wahl helligkeitsgleicher verschiedenfarbiger Untergründe bevorzugen manche Tiere (z. B. Egel) bestimmte Farben. Bietet man bei der optomotorischen Reaktion (s. S. 125) Tieren aus grauen und einfarbigen Streifen zusammengesetzte Muster, so läßt sich eine Kombination finden, auf die sie nicht reagieren, bei der ihnen also ein Grau und die betreffende Farbe helligkeitsgleich erscheinen. Man kann dann mit demselben Grau und einer anderen Farbe ebenfalls eine Helligkeitsgleichung finden. Bietet man nun die beiden Farben gegeneinander und reagieren die Tiere, so ist das ein Zeichen, daß sie die Farben qualitativ unterscheiden. Bei vielen Tieren haben sich zum Nachweis des Farbensehens Dressurversuche bewährt. Mit Hilfe dieser Methoden ist festgestellt, daß höhere Krebse (*Carcinus, Crangon, Leander*) und viele Insekten farbentüchtig sind. Besonderes Interesse bietet der Nachweis des Farbensehens der fliegenden Insekten, da auf ihm die Bedeutung der Blütenfarben als Lockmittel zur Bestäubung beruht. Durch Versuche, die namentlich an Honigbienen gemacht wurden, ist er einwandfrei geglückt. Es ergaben Dressuren auf mit Spectrallichtern beleuchtetes Futter, daß die Bienen mindestens 4 Qualitäten unterscheiden; nämlich: ungefähr 650 bis 510 μμ, 510 bis 480 μμ, 480 bis 400 μμ und 400 bis 300 μμ. Das sichtbare Spectrum der Bienen ist also gegenüber dem des Menschen am langwelligen (roten) Ende verkürzt und am kurzwelligen (ultravioletten) verlängert. Für Bienen ist auch der simultane Farbenkontrast nachgewiesen, d. h. die vom Menschen bekannte Erscheinung, daß ein farbiges Feld einem benachbarten farblosen seine Gegenfarbe erteilt. Cephalopoden lassen sich auf verschiedene monochromatische Lichter dressieren. Bei Wirbeltieren gibt das Vorkommen oder Fehlen der Zapfen in den Netzhäuten einen Hinweis auf das Farbensehen. Bei Dämmerungstieren sind meist keine oder nur wenige Zapfen und bei Tagtieren viele vorhanden, während sich das Vorkommen der Stäbchen umgekehrt verhält. Nachtvögel haben mehr Stäbchen als Tagvögel und bei Tagreptilien (z. B. Eidechsen) überwiegen die Zapfen, während bei den nächtlich lebenden Geckonen nur Stäbchen vorhanden sind. Auch die auf S. 134 geschilderten retinomotorischen Reaktionen sprechen in diesem Sinne. Bei einigen Säugern unterscheiden sich die Sehelemente bloß durch die Kerne. Man kann vermuten, daß die mit „Zapfenkernen“ dem Farbensehen dienen. Niedere Wirbeltiere (Fische und Amphibien) rezipieren — wie auch die Bienen (s. oben) — Wellenlängen unter 397 μμ also ultraviolettes Licht, das sie wahrscheinlich als besondere Qualität — also als „Farbe“ — sehen. Fische (Ellritzen) sind auf über 20 Farbstufen zwischen etwa 700 und 370 μμ dressierbar und sehen die Mischungen der menschlichen Gegenfarben ebenfalls als Weiß. Frösche und Kröten unterscheiden am langwelligen und kurzwelligen Spectrumende verschiedene Qualitäten, scheinen jedoch im mittleren Wellenbereich (zwischen etwa 570 und 490 μμ) farbenblind zu sein. Schildkröten und

Tageidechsen haben ein gutes Farbenunterscheidungsvermögen, ebenso Vögel, die z. T. für kurzwellige Strahlen weniger empfindlich als der Mensch sind, was vielleicht mit der Filterwirkung der farbigen Ölkugeln (s. S. 138) zusammenhängt. Affen sehen die Farben etwa ebenso wie wir, dagegen scheinen die nächtlich lebenden Halbaffen (*Lemur mongoz*) nur einen schwachen Farbensinn zu haben. Bei den Nachtsäugern fehlen meist die Zapfen oder es sind nur wenige Zellen mit Zapfenkernen vorhanden. Trotzdem lassen sich manche auf Farben dressieren, z. B. Igel (mit 3,75% Zapfenkernen). Katzen (mit reinen Stäbchennetzhäuten) sind farbenblind. Das Eichhorn (mit 45% Zapfenkernen) soll einen nur schwachen Farbensinn haben.

f) Die Physiologie der elektrischen Reizung

Elektrische Reize dürften in der Natur wohl kaum auf Tiere einwirken; es gibt auch keine spezifischen Rezeptoren für sie, so daß wir nicht von einem elektrischen „Sinn“ der Tiere sprechen können. Wie wir bei der Muskel- und Nervenphysiologie sahen, wirkt der elektrische Strom jedoch auf die lebende tierische Substanz als Reiz und veranlaßt typische Reaktionen. Elektrisch erzeugte Erregungen werden von den Nerven und Muskeln in gleicher Weise weitergeleitet wie die adäquater Reize und lösen im Muskel Zuckungen oder in Drüsen Sekretionen aus, die nicht von den durch natürliche Erregungen hervorgerufenen zu unterscheiden sind. Aus der menschlichen Psychologie wissen wir, daß elektrische Reizung der Rezeptoren oder sensibler Nerven dieselben Empfindungen hervorbringen kann wie die adäquaten Reize.

Elektrisierung des Auges bewirkt Lichteindrücke, elektrische Reizung der Haut kann Tast- oder Temperaturempfindungen vermitteln, Durchströmung des Ohrlabyrinths erweckt den Eindruck von Tönen und Reizung der Zunge bringt je nach der erregten Stelle verschiedene Geschmacksempfindungen hervor. Der elektrische Strom stellt einen „Universalreiz“ dar, wodurch er zu einem unentbehrlichen Hilfsmittel des physiologischen Laboratoriums wird.

Besonderes Interesse bietet das Verhalten von Tieren, die in die Stromlinien eines elektrischen Feldes gebracht werden. Je nach Tierart, Stromstärke und -dauer kann es in unorientierten Reaktionen oder „echter“ Orientierung bestehen. Konstante Ströme oder Induktionsschläge können bei Protozoen Kontraktionen hervorrufen, bei Flimmerepithelien von Metazoen (z. B. Muscheln) können sie Beschleunigung oder auch Aufhören des Flimmerschlages erzeugen und bei Wasserarthropoden (z. B. *Argulus*) und Wirbeltieren (z. B. Fischen, bei denen man diese Wirkung des Stromes zu Fangmethoden ausnutzt) Muskellähmungen, die zu Starrezuständen führen, bewirken. Orientierung nach elektrischen Reizen zeigt sich als Elektrotaxis, d. h. einer gerichteten Einstellung in die Stromlinien des Gleichstromes, an die sich oft eine geradlinige Hinbewegung zu einer der beiden Elektroden anschließt. Einstellung und Ortsbewegung zur Anode nennt man anodische (oder positive), zur Kathode kathodische (negative) Galvanotaxis.

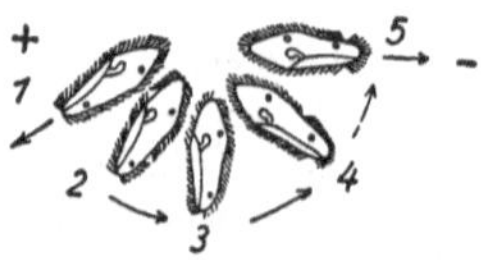

Abb. 110.

Einstellung von Infusorien *(Paramaecium)* in den elektrischen Strom. (Nach Jennings aus Kühn.) 1: Vor Stromeinschaltung. Nach Stromeinschaltung (2 bis 5) schlagen die der Kathode (—) zugewandten Cilien in umgekehrter Richtung. + = Anode.

Bei Ciliaten kommt die Einstellung dadurch zustande, daß die Cilien der Seite, die der Elektrode, gegen die die Einstellung erfolgt, zugekehrt ist, so lange rückwärts schlagen, bis das Tier dieser Elektrode das Vorderende zukehrt (Abb. 110). Bei Umschaltung des Stromes erfolgt sofortige Umkehr um 180°. Die Rhizopoden und die meisten Ciliaten sind kathodisch, die Flagellaten (und *Opalina)* anodisch galvanotaktisch. Einige Ciliaten (z. B. *Spirostomum* und Hypotriche) stellen sich unter gewissen Bedingungen senkrecht zu den Stromlinien (transversale Galvanotaxis). Die wirbellosen Metazoen sind vorwiegend kathodisch, jedoch ist von vielen Arthropoden anodische Orientierung bekannt. Fische und Amphibien zeigen anodische Einstellung, und zwar meist ohne Ortsbewegung. Die Erregung wird durch das Rückenmark weitergeleitet. Wechselströme verursachen bei Fröschen im Wasser Quereinstellung zu den Stromlinien (Oszillotaxis). Starke Ströme bewirken Streckkrämpfe, die bei Längsstellung zur Stromrichtung bei geringeren Stromdichten auftreten als bei Querstellung.

Über die Vorgänge bei der Elektrotaxis gibt es Hypothesen, die jedoch keine befriedigenden Erklärungen bringen. Solange wir überhaupt über das Wesen der Nervenerregung so wenig wissen, ist die Elektrotaxis noch eins der vielen ungelösten Probleme der vergleichenden Physiologie.

Register

S. Edlbacher

Kurzgefaßtes Lehrbuch der physiologischen Chemie

10. Auflage, bearbeitet von Prof. Leuthardt, Zürich, 1950.
In Vorbereitung.

Das Lehrbuch ist ein Werk, das nicht nur dem Studierenden der Medizin und der Chemie dient, sondern auch für den im Berufsleben stehenden Chemiker, Pharmazeuten, Arzt und Biologen ein höchst wertvolles Hilfsmittel bildet. Die gerade auf dem Gebiet der physiologischen Chemie so umfangreichen neuen Ergebnisse finden in der neuen Auflage ihre Wertung.

Urteile der Fachwelt über frühere Auflagen:

„. . . Es ist eines der beliebtesten Lehrbücher für physiologische Chemie für den Medizinstudenten geworden . . ."

(Schweiz. Medizinische Wochenschrift).

S. Edlbacher

Praktikum der physiologischen Chemie

3., durchgesehene Auflage. Oktav. 1948. VII, 108 Seiten.
Geb. DM 5,50

Der in diesem Praktikum aufgenommene Lehrstoff soll dem Studierenden eine innige Berührung mit den wesentlichen Problemen der Biochemie an Hand von experimentellen Beispielen bringen. Aus didaktischen Gründen wurden daher in den Text kurze theoretische Erläuterungen aufgenommen und alle Versuche nach sorgfältiger Auswahl gebracht.

Hoppe-Seyler's Zeitschrift für Physiologische Chemie

Fortgeführt von A. Kossel und F. Knoop, herausgegeben von A. Butenandt und K. Thomas. Erscheint nach Bedarf. Etwa 1 Bd. gleich 6 Hefte. Umfang 288 Seiten. Format 22 : 14,5 cm. Je Band 26,–

WALTER DE GRUYTER & CO / BERLIN W 35

SAMMLUNG GÖSCHEN

Lieferbare und neue Bände

Jeder Band DM 2.40

A. Geisteswissenschaften

Nr. 19 **Altheim, F., Römische Geschichte. I. Teil: Bis zur Schlacht bei Pydna.** 1948. 123 S.

Nr. 30 **Kleffner, W., Kartenkunde.** 3. Aufl. 1950. 152 S.

Nr. 42 **Behn, F., Vorgeschichte Europas.** 7. Aufl. Mit 47 Abb. 1949. 125 S.

Nr. 59 **Krahe, H., Indogermanische Sprachwissenschaft.** 2. Aufl. 1948. 134 S.

Nr. 66 **Berneker, E., u. M. Vasmer, Russische Grammatik.** 6., unveränderte Aufl. 1947. 155 S.

Nr. 70 **Nestle, W., Geschichte der griechischen Literatur.** I. Von den Anfängen bis auf Alexander d. Gr. 2., verb. Aufl. Neudruck. 1950. 144 S.

Nr. 101 **Wiese, L. v., Soziologie.** Geschichte und Hauptprobleme. 4. Aufl. 1950. 148 S.

Nr. 125 **Vossler, K., Italienische Literaturgeschichte.** Unveränderter Nachdruck der 1927 erschienenen 4., durchges. und verbesserten Aufl. 1948. 148 S.

Nr. 200 **Gottschald, M., Rechtschreibungswörterbuch.** In Vorbereitung.

Nr. 238 **Krahe, H., Germanische Sprachwissenschaft. Bd. I.** 2. Aufl. 1948. 127 S.

Nr. 270 **Kirn, P., Einführung in die Geschichtswissenschaft.** 1947. 132 S.

Nr. 279 **Jacob, K., Quellenkunde der deutschen Geschichte im Mittelalter (bis zur Mitte des 15. Jahrh.).** I: Einleitung. Allgemeiner Teil. Die Zeit der Karolinger. 5. Aufl. 1949. 118 S.

Nr. 280 ——, II: Die Kaiserzeit (918—1250). 4. Aufl. 1949. 127 S.

Nr. 500 **Simmel, G., Hauptprobleme der Philosophie.** 7., unveränderte Aufl. 1950. In Vorbereitung.

Nr. 557 **Nestle, W., Geschichte der griechischen Literatur.** II. Von Alexander d. Gr. bis zum Ausgang der Antike. 2. verbesserte Aufl. 1945. 128 S.

Nr. 564 **Behn, F., Kultur der Urzeit.** Bd. I. Steinzeit. 3. Aufl. In Vorbereitung.

Nr. 565 — —, Bd. II. Bronzezeit. 4. Aufl. In Vorbereitung.

Nr. 566 — —, Bd. III. Eisenzeit. 4. Aufl. In Vorbereitung.

Nr. 573 **Helbok, A., Die Ortsnamen im Deutschen.** Durchgesehener Neudruck. Mit 6 Karten. 1944. 126 S.

Nr. 677 **Altheim, F., Römische Geschichte.** II. Teil: Bis zur Begründung des Prinzipats. 1948. 141 S.

Nr. 770 **Beckh, H., Buddhismus** (Buddha und seine Lehre). II. Die Lehre. 3. Aufl. 1928. 135 S.

Nr. 780 **Krahe, H., Germanische Sprachwissenschaft.** Bd. II. 2. Aufl. 1948. 140 S.

Nr. 781 **Weigert, H., Stilkunde.** II. Spätmittelalter. Neuzeit. Neudruck. Mit 84 Abb. 1944. 141 S.

Nr. 807 **Kropp, G., Erkenntnistheorie.** I. Allgemeine Grundlegung. 1950. 143 S.

Nr. 929 **Schirmer, A., Deutsche Wortkunde.** 3. Aufl. 1949. 109 S.

Nr. 1000 **Jaspers, K., Die geistige Situation der Zeit** (1931). Zweiter unveränderter Abdruck der im Sommer 1932 bearbeiteten 5. Aufl. 1949. 232 S.

Nr. 1008 **Mellerowicz, K., Allgemeine Betriebswirtschaftslehre.** 1. Bd. 6., unveränderte Aufl. 1948. 134 S.

Nr. 1031 **Apel, M., Philosophisches Wörterbuch.** 3. Aufl. In Vorbereitung.

Nr. 1034 **Kranefeldt, W. M., Therapeutische Psychologie.** Analytische Psychologie (Freud, Adler, Jung). 2 Aufl. 1950. In Vorbereitung.

Nr. 1045 **Schubert, H., Die Technik des Klavierspiels.** 2. Aufl. 1946. 132 S.

Nr. 1065 **Haller, J., Von den Karolingern zu den Staufern.** Die altdeutsche Kaiserzeit (900—1250). Mit 4 Karten. 3. Aufl. 1944. 141 S.

Nr. 1085 **Lietzmann, H., Zeitrechnung der römischen Kaiserzeit, des Mittelalters und der Neuzeit für die Jahre 1—2000 n. Chr.** Neudruck. 1946. 127 S.

Nr. 1086 **Müller, G., Deutsches Dichten und Denken vom Mittelalter zur Neuzeit** (1270—1700). **2. Aufl.** 1949. 159 S.

Nr. 1094 **Hernried, R., Systematische Modulation. 2. Aufl.** In Vorbereitung.

Nr. 1096 **Viëtor, K., Deutsches Dichten und Denken. Von der Aufklärung bis zum Realismus** (1700—1890). 2. Aufl. 1949. 156 S.

Nr. 1115 **Ranke, F., Altnordisches Elementarbuch.** Neudruck. 1949. 146 S.

Nr. 1116 **Meißner, P., Englische Literaturgeschichte. II.** Von der Renaissance bis zur Aufklärung. Durchgesehener Neudruck. 1944. 139 S.

Nr. 1117 **Haller, J., Der Eintritt der Germanen in die Geschichte.** Mit sechs Kartenskizzen. 2., verbess. Aufl. 1944. 119 S.

Nr. 1122 **Feist, H., Sprechen und Sprachpflege.** Mit 25 Abb. 1938. 107 S.

Nr. 1124 **Meißner, P., Englische Literaturgeschichte. III.** Romantik und Victorianismus. Durchgesehener Neudruck. 1944. 150 S.

Nr. 1125 **Lehnert, M., Altenglisches Elementarbuch.** 2., verbesserte und vermehrte Aufl. 1950. 176 S.

Nr. 1130 **Dibelius, M., Jesus.** 2. Aufl. Neudruck. 1949. 141 S.

Nr. 1135 **Lehnert, M., Beowulf.** 2., verbesserte Aufl. 1949. 135 S.

Nr. 1136 **Meißner, P., Englische Literaturgeschichte. IV.** Das 20. Jahrhundert. Durchgesehener Neudruck. 1944. 157 S.

Nr. 1148 **Pepping, E., Der Polyphone Satz. I. Der cantus-firmus Satz.** 2. Aufl. 1950. 224 S.

Nr. 1149 **Wiesner, J., Vor- und Frühzeit der Mittelmeerländer.** I. Das östliche Mittelmeer. Mit einer Textabb. und 7 Tafeln. 1943. 177 S.

Nr. 1150 — —, II. Das westliche Mittelmeer. Mit 3 Textabb. und 7 Tafeln. 1943. 129 S.

Nr. 1153 **Mellerowicz, K., Allgemeine Betriebswirtschaftslehre.** 2. Bd. 6. unveränderte Aufl. 1948. 123 S.

Nr. 1154 — —, 3. Bd. 6. unveränderte Aufl. 1948. 153 S.

B. Naturwissenschaften und Technik

Nr. 3 **Ende, E. vom, Die Maschinenelemente.** 2., verbesserte Aufl. Mit 175 Fig. und 12 Tafeln. 1950. In Vorbereitung.

Nr. 29 **Brauns, R., u. K. F. Chudoba, Mineralogie.** 8., neubearbeitete Aufl. Mit 125 Textfiguren und 9 Abb. auf einer Tafel. 1943. 143 S.

Nr. 37 **Klemm, W., Anorganische Chemie.** 6. Aufl. Mit 18 Abb. 1944. 184 S.

Nr. 38 **Schlenk, W., Organische Chemie.** 5. Aufl. Mit 17 Fig. 1949. 239 S.

Nr. 47 **Fischer, P. B., Arithmetik.** 2. Aufl. 1948. 152 S.

Nr. 51 **Ringleb, F., Mathematische Formelsammlung.** 5., verbesserte Aufl. Mit 57 Fig. 1949. 274 S.

Nr. 71 **Schulze, W., Allgemeine und physikalische Chemie.** I. Teil. 3., durchgesehene Aufl. Mit 22 Fig. 1949. 146 S.

Nr. 87 **Witting, A., Differentialrechnung.** 3., neubearb. Aufl. Mit 95 Fig. und 200 Beispielen. Durchgesehener Neudruck. 1949. 201 S.

Nr. 88 —, **Integralrechnung.** 2., verbesserte Aufl. Durchgesehener Neudruck. Mit 62 Fig. und 190 Beispielen. 1949. 176 S.

Nr. 136 **Mahler, G., Physikalische Formelsammlung.** 8., verbess. Aufl. 1950. 153 S. In Vorbereitung.

Nr. 142 **Haussner, R., Darstellende Geometrie.** 1. Teil: Elemente, Ebenflächige Gebilde. 6., unveränderte Aufl. Mit 110 Fig. im Text. 1947. 207 S.

Nr. 143 — —, 2. Teil: Perspektive ebener Gebilde, Kegelschnitte. 5,. unveränderte Aufl. Mit 88 Fig. im Text. 1947. 168 S.

Nr. 146 **Witting, A., Repetitorium und Aufgabensammlung zur Differentialrechnung.** 2. Aufl. Neudruck. 1949. 122 S.

Nr. 147 —, **Repetitorium und Aufgabensammlung zur Integralrechnung.** 2. Aufl. Neudruck. 1949. 121 S.

Nr. 173 **Bruhns, W., u. P. Ramdohr, Petrographie.** 3., durchgesehene Aufl. Mit 10 Figuren. 1949. 117 S.

Nr. 180 **Böhm, F., Versicherungsmathematik.** I. Elemente der Versicherungsrechnung. 2., vermehrte und verbesserte Aufl. Durchgesehener Neudruck. 1946. 151 S.

Nr. 210 **Bruhns, W., u. P. Ramdohr, Kristallographie.** 4. Aufl. In Vorbereitung.

Nr. 221 **Jander, G., u. K. F. Jahr, Maßanalyse.** Theorie und Praxis der klassischen und der elektrochemischen Titrierverfahren. Bd. I. 5. Aufl. Mit 18 Fig. 1948. 140 S.

Nr. 222 **Hassak-Beutel, Warenkunde.** 7. Aufl. Neubearb. von A. Kutzelnigg. Bd. I: Anorganische Waren sowie Kohle und Erdöl. Mit 19 Fig. 1947. 116 S.

Nr. 223 — —, Bd. II: Organische Waren. Mit 32 Fig. 1949. 143 S.

Nr. 247 **Hoppe, J., Analytische Chemie I.** Reaktionen. 5., verb. Aufl. 1950. 135 S.

Nr. 248 — —, **II.** Gang der qualitativen Analyse. 5., verbess. Aufl. 1950. 168 S.

Nr. 252 **Daßler, A., Elektrochemie I.** Mit 21 Abb. 1950. In Vorbereitung.

Nr. 253 — —, **II.** Mit 17 Abb. 1950. In Vorbereitung.

Nr. 256 **Haussner, R., Sammlung von Aufgaben und Beispielen zur analytischen Geometrie der Ebene.** Mit 22 Fig. Neudruck. 1949. 139 S.

Nr. 257 **Humburg, K., Die Gleichstrommaschine I.** Durchgesehener Neudruck. Mit 59 Abb. 1949. 102 S.

Nr. 342 **Körting, J., u. W. Körting, Heizung und Lüftung. I.** Das Wesen u. die Berechnung der Heizungs- u. Lüftungsanlagen. 8., verbess. Aufl. Mit 29 Abb. u. 14 Zahlentafeln. 1950. In Vorbereitung.

Nr. 343 — —, **II.** Die Ausführung der Heizungs- u. Lüftungsanlagen. 7. neubearb. Aufl. Mit 141 Abb. u. 8 Zahlentafeln. 1944. 126 S.

Nr. 354 **Valentiner, S., Vektoranalysis.** 7., wesentl. veränderte Aufl. Mit 19 Fig. 1950. In Vorbereitung.

Nr. 389 **Diels, L., Pflanzengeographie.** 4., verb. Aufl. Mit 1 Karte. 1945. 167 S.

Nr. 405 **Werkmeister, P., Praktisches Zahlenrechnen.** 4. Aufl. Mit 60 Fig. 1950. 136 S. In Vorbereitung.

Nr. 423 **Adler, A., Fünfstellige Logarithmen.** Mit mehreren graphischen Rechentafeln und häufig vorkommenden Zahlwerten. 2. Aufl. Neudruck. 1 Tafel. 1949. 127 S.

Nr. 432 **Borchers, H., Metallkunde. I.** Aufbau der Metalle und Legierungen. Mit 2 Tab. und 90 Abb. 2. Aufl. 1950. 110 S.

Nr. 445 **Asmus, E., Physikalisch-Chemische Rechenaufgaben.** 2. Aufl. 1949. 96 S.

Nr. 468 **Werkmeister, P., Vermessungskunde. I.** Stückmessung u. Nivellieren. 9. Aufl. Mit 145 Figuren. 1949. 172 S.

Nr. 469 — —, II. Messung von Horizontalwinkeln. Festlegung von Punkten im Koordinatensystem. Absteckungen. 7. Aufl. Mit 63 Fig. 1949. 151 S.

Nr. 483 **Henglein, M., Lötrohrprobierkunde.** Mineraldiagnose mit Lötrohr und Tüpfelreaktion. 3., verb. Aufl. Mit 11 Fig. 1949. 91 S.

Nr. 585 **Dehnert, H., Verkehrswasserbau I:** Entwurfsgrundlagen. Flußregelungen. Mit 52 Textabb. 1950. 102 S.

Nr. 589 **Tochtermann, W., Das Maschinenzeichnen** mit **Einführung in das Konstruieren.** I: Das Maschinenzeichnen. 4. Aufl. Mit 77 Tafeln. 1950. 156 S. In Vorbereitung.

Nr. 590 — —, II: Ausgeführte Konstruktionsbeispiele. 4. Aufl. Mit 58 Tafeln. 1950. 130 S. In Vorbereitung.

Nr. 597 **Dehnert, H., Verkehrswasserbau II:** Flußkanalisierungen u. Schiffahrtskanäle. Mit 60 Textabb. 1950. 92 S.

Nr. 668 **Knopp, K., Funktionentheorie I:** Grundlagen der allgemeinen Theorie der analytischen Funktionen. Mit 8 Fig. 7. Aufl. 1949. 139 S.

Nr. 691 **Fauser, O., Kulturtechnische Bodenverbesserungen.** I.: Allgemeines, Entwässerung. 4., neubearbeitete Aufl. 1947. 122 S.

Nr. 692 — —, II.: Bewässerung, Ödlandkultur, Umlegung. 4., neubearb. Aufl. 1948. 150 S.

Nr. 698 **Schulze, W., Allgemeine und physikalische Chemie.** II. Teil. 3., durchges. Aufl. Mit 36 Fig. 1949. 160 S.

Nr. 703 **Knopp, K., Funktionentheorie II.** Anwendungen und Weiterführung der allgemeinen Theorie. Mit 7 Fig. 7. Aufl. 1949. 130 S.

Nr. 711 **Kesselring, F., Theoretische Grundlagen zur Berechnung der Schaltgeräte.** 3. Aufl. Mit 92 Abb. 1950. 143 S. In Vorbereitung.

Nr. 718 **Neger, W. u. E. Münch, Die Laubhölzer.** 3., durchges. Aufl., herausgegeben von B. Huber. Mit 63 Fig. u. 7 Tab. 1950. 142 S. In Vorbereitung.

Nr. 768 **Bieberbach, L., Einführung in die konforme Abbildung.** 4. Aufl. Mit 42 Zeichnungen. 1949. 147 S.

Nr. 837 **Baumgartner, L., Gruppentheorie.** 2. Aufl. Mit 6 Fig. 1949. 115 S.

Nr. 862 **Werkmeister, P., Vermessungskunde.** III. Trigonometrische und barometrische Höhenmessung. Tachymetrie und Topographie. 6. Aufl. Mit 64 Fig. 1949. 147 S.

Nr. 877 **Knopp, K., Aufgabensammlung zur Funktionentheorie.** I. Aufgaben zur elementaren Funktionentheorie. 4. Aufl. 1949. 135 S.

Nr. 878 — —, II. Aufgaben zur höheren Funktionentheorie. 4. Aufl. 1949. 151 S.

Nr. 881 **Humburg, K., Die Gleichstrommaschine II.** Mit 38 Abb. Durchgesehener Neudruck. 1949. 98 S.

Nr. 931 **Hasse, H., Höhere Algebra** I. Lineare Gleichungen. 3. Aufl. 1950. 160 S. In Vorbereitung.

Nr. 932 — —, II. Gleichungen höheren Grades. 3. Aufl. Mit 5 Fig. 1950. 158 S. In Vorbereitung.

Nr. 952 **Schäfer, W., Transformatoren.** 2. Aufl. Mit 74 Abb. 1949. 128 S.

Nr. 972 **Herter, K., Vergleichende Physiologie der Tiere I:** Stoff- und Energiewechsel. 3. Aufl. Mit 64 Abb. 1950. 155 S.

Nr. 973 — —, II.: Bewegung und Reizerscheinungen. 3. Aufl. Mit 110 Abb. 1950. 148 S

Nr. 984 **Graf, O., Die wichtigsten Baustoffe des Hoch- u. Tiefbaues.** 3., verb Aufl. Mit 58 Abb. 1947. 126 S.

Nr. 999 **Kamke, E., Mengenlehre.** 2., durchges. Aufl. Mit 6 Fig. 1947. 160 S.

Nr. 1002 **Jander, G., und K. F. Jahr, Maßanalyse.** Theorie und Praxis der klassischen und der elektrochemischen Titrierverfahren. Band 2. 5. Aufl. Mit 24 Fig. 1948. 139 S.

Nr. 1057 **Roth, W. A., Thermochemie.** 2., verbess. Aufl. 1947. 109 S.

Nr. 1070 **Sauter, F., Differentialgleichungen der Physik.** 2. Aufl. Mit 16 Fig. 1950. 148 S.

Nr. 1082 **Hasse, H., Aufgabensammlung zur höheren Algebra.** 2. Aufl. 1950. In Vorbereitung.

Nr. 1084 **Nußelt, W., Technische Thermodynamik.** I.: Grundlagen. 3., verbess. Aufl. Mit 71 Abb. 1950. 144 S. In Vorbereitung.

Nr. 1092 **Wickop, W., Fenster, Türen, Tore aus Holz und Eisen.** 3., überarbeitete und ergänzte Aufl. Mit 96 Abb. 1949. 154 S.

Nr. 1109 **Knopp, K., Elemente der Funktionentheorie.** 3. Aufl. Mit 23 Fig. 1949. 144 S.

Nr. 1110 **Schulz, G., Formelsammlung zur praktischen Mathematik.** Durchgesehener Neudruck. Mit 10 Abb. 1945. 147 S.

Nr. 1127 **Hartmann, M., Geschlecht und Geschlechtsbestimmung im Tier- und Pflanzenreich.** 2. Aufl. Mit 62 Abb. 1950. In Vorbereitung.

Nr. 1128 **Buchner, P., Symbiose der Tiere mit pflanzlichen Mikroorganismen.** 2., verb. u. vermehrte Aufl. Mit 121 Abb. 1949. 130 S.

Nr. 1131 **Scholz, A., Einführung in die Zahlentheorie.** Neudruck. 1945. 136 S.

Nr. 1132 **Frühauf, G., Überspannungen und Überspannungsschutz.** Neudruck. Mit 98 Abb. 1950. 122 S.

Nr. 1134 **Kuckuck, H., Pflanzenzüchtung.** 2., durchges. Aufl. Mit 12 Abb. 1944. 125 S.

Nr. 1137 **Heil, H., Entwicklungsgeschichte des Pflanzenreiches.** 2. Aufl. Mit 94 Abb. 1950. In Vorbereitung.

Nr. 1138 **Hämmerling, J., Fortpflanzung im Tier- und Pflanzenreich.** 2., ergänzte Aufl. Mit 101 Abb. 1950. 135 S. In Vorbereitung.

Nr. 1141 **Koller, G., Hormone.** 2. Aufl. Mit 60 Abb. u. 19 Tab. 1949. 187 S.

Nr. 1146 **Humburg, K., Die synchrone Maschine.** Mit 79 Bildern. 1949. 109 S.

Nr. 1151 **Nußelt, W., Technische Thermodynamik.** II.: Theorie der Wärmekraftmaschinen. Neudruck. Mit 87 Abb. u. 32 Zahlentafeln. 1950. 144 S. In Vorbereitung.

Nr. 1152 **Dehnert, H., Verkehrswasserbau III:** Schleusen und Hebewerke. Mit 70 Textabb. 1950. 98 S.

Nr. 1155 **Schwartz, W., Grundriß der allgemeinen Mikrobiologie.** Band I. Mit 17 Abb. 1949. 104 S.

Nr. 1156 **Meinke, H.-H., Die komplexe Berechnung von Wechselstromschaltungen.** Mit 114 Abb. 1949. 160 S.

Nr. 1157 **Schwartz, W., Grundriß der allgemeinen Mikrobiologie.** Band II. Mit 12 Abb. 1949. 93 S.

Walter de Gruyter & Co., Berlin W 35

(386) MDV, Druckerei Luckenwalde 121. 120 000. 3. 50.

FSC
www.fsc.org
MIX
Papier | Fördert
gute Waldnutzung
FSC® C083411

Zeitfracht Medien GmbH
Ferdinand-Jühlke-Straße 7
99095 Erfurt, Deutschland
produktsicherheit@kolibri360.de